人像照片秒变绘画

▲ 浪漫樱花风景照片处理

▲ 婚纱摄影后期修饰

炫酷双色人像

▲ 打造复古胶片风格画面

▲ 古风房地产海报

▲ 转盘广告设计

▲ 卡通风格娱乐节目广告

▲ 儿童书籍封面设计——展示

▲ 古籍风格版式

▲ 批处理制作清新照片

▲ 拼贴风格版面　　　　　　　▲ 红酒包装设计

▲ 海底 3D 立体文字

▲ 儿童产品网店首页设计

▲ 超现实主义合成

▲ 手机杀毒软件 UI 设计

▲ 游戏道具购买模块

中文版Photoshop CC从入门到实战

（全程视频版）

（下册）

瞿颖健　编著

中国水利水电出版社
www.waterpub.com.cn
·北京·

内 容 提 要

《中文版Photoshop CC从入门到实战（全程视频版）（全两册）》分上、下册，以Photoshop核心功能+实战提升的形式系统讲述了Photoshop必备知识和抠图、修图、调色、合成、特效等核心技术，以及Photoshop在平面设计、数码照片处理、电商美工、UI设计、手绘插画、室内设计、建筑设计、创意设计等必备的PS知识，是一本全面讲述Photoshop软件应用的Photoshop完全自学教程、Photoshop视频教程。

上册共12章，是Photoshop核心功能部分，主要内容包括Photoshop基础知识、图层的基础操作、颜色设置与绘画、选区的创建与填充、文字、图层样式与混合模式、矢量绘图、图像细节修饰、图像调色、抠图与合成、图像模糊与锐化处理、使用滤镜制作图像特效等；下册共12章，主要以案例的形式介绍了Photoshop在数码照片后期处理、标志设计、版式设计、广告设计、电商美工、App UI设计、包装设计、书籍画册设计、视觉形象设计、3D图形设计、动态图设计、创意设计中的具体应用，使读者对Photoshop应用的相关行业有所接触，并通过大量综合实战案例，强化Photoshop应用的综合训练，提高实际应用水平，为读者成长为优秀的设计师打下坚实的基础。

《中文版Photoshop CC从入门到实战（全程视频版）（全两册）》的各类学习资源有：

1. 148集视频讲解+52个综合实战案例+素材源文件+手机扫码看视频。

2. 赠送《配色宝典》《构图宝典》《创意宝典》《商业设计宝典》《Illustrator 基础》《CorelDRAW 基础》等电子书。

3. 赠送PPT课件、素材资源库、工具速查、色谱表等。

《中文版Photoshop CC从入门到实战（全程视频版）（全两册）》适合Photoshop初学者学习使用，也适合作为高等院校相关专业的教材和相关培训机构的培训教材使用，所有PS爱好者均可参考学习。本书在Photoshop CC 2019版本上编写，Photoshop CC 2018、Photoshop CC 2017和Photoshop CS6等较低版本的读者亦可参考使用。

图书在版编目（CIP）数据

中文版 Photoshop CC 从入门到实战 : 全程视频版 : 全
两册 / 瞿颖健编著 . —北京 : 中国水利水电出版社，2020.1
　　ISBN 978-7-5170-8174-6

　　Ⅰ . ①中… Ⅱ . ①瞿… Ⅲ . ①图像处理软件
Ⅳ . ① TP391.413

中国版本图书馆 CIP 数据核字 (2019) 第 258033 号

书　　名	中文版Photoshop CC从入门到实战（全程视频版）（下册）
	ZHONGWENBAN Photoshop CC CONG RUMEN DAO SHIZHAN（QUANCHENG SHIPIN BAN ）（XIA CE）
作　　者	瞿颖健 编著
出版发行	中国水利水电出版社
	（北京市海淀区玉渊潭南路1号D座 100038）
	网址：www.waterpub.com.cn
	E-mail：zhiboshangshu@163.com
	电话：（010）62572966-2205/2266/2201（营销中心）
经　　售	北京科水图书销售中心（零售）
	电话：（010）88383994、63202643、68545874
	全国各地新华书店和相关出版物销售网点
排　　版	北京智博尚书文化传媒有限公司
印　　刷	北京天颖印刷有限公司
规　　格	190mm×235mm　16开本　30.5印张（总）　990千字（总）　2插页
版　　次	2020年1月第1版　2020年1月第1次印刷
印　　数	00001—10000册
定　　价	128.00元（全两册）

前 言
Preface

Photoshop（以下简称PS）软件是Adobe公司研发的使用最广泛的图形图像处理软件。它的每一次版本更新都会引起万众瞩目。十多年前，Photoshop 8版本改名为Adobe Photoshop CS（Creative Suite，创意性的套件）版本，此后几年CS版本不断升级，直至CC，并成为CS系列的集大成者。2013年，Adobe公司推出了Photoshop CC（Creative Cloud，创意性的云）版本，将工作的重心放在Creative Cloud云服务上，并增加了智能锐化、放大采样、Camera Raw滤镜、相机防抖、视频编辑等新功能。本书就是采用Photoshop CC 2019版本编写的，同时也建议读者安装Photoshop CC 2019版本进行学习和练习。

Photoshop在日常设计中应用非常广泛，平面设计、淘宝美工、数码照片处理、网页设计、UI设计、手绘插画、服装设计、室内设计、建筑设计、园林景观设计、创意设计等都会用到它，它几乎成了各类设计的必备软件，即"设计师必备"。

本书显著特色

1. 配备大量视频讲解，手把手教您学PS

本书配备了大量的教学视频，涵盖全书几乎所有实例和常用重要知识点，如同老师在身边手把手教您，让学习更轻松、更高效。

2. 扫描二维码，随时随地看视频

本书在章首页、重点、难点等多处设置了二维码，手机扫一扫，可以随时随地看视频（若手机不能播放，可下载后在计算机上观看）。

3. 内容全面，实例丰富，强化动手能力

本书涵盖Photoshop CC 2019几乎所有工具、命令常用的相关功能。其中上册采用"基础知识+实践操作+综合实战+课后练习+技术拓展+技巧提示"的模式编写，符合轻松易学的学习规律，下册全程采用行业案例实战应用的模式编写，全面提升综合实战应用技能。

4. 案例效果精美，注重审美熏陶

PS只是工具，要想设计好的作品一定要有美的意识。本书案例效果精美，目的是加强对美感的熏陶和培养。

5. 配套资源完善，便于深度和广度拓展

除了提供几乎覆盖全书实例的配套视频和素材源文件外，本书还根据设计师必学的内容赠送了大量教学与练习资源。

6. 专业作者心血之作，经验技巧尽在其中

本书作者是艺术学院讲师、Adobe 创意大学专家委员会委员、Corel中国专家委员会成员，设计和教学经验丰富，大量的经验技巧融在书中，可以提高学习效率，让读者少走弯路。

7. 提供在线服务，随时随地交流学习

提供公众号、QQ群等在线互动、答疑、资源下载等服务。

关于学习资源及下载方法

1. 本书学习资源

（1）本书配套学习资源

全书实例的配套视频、素材源文件。

（2）赠送软件学习资源

《116集Photoshop必备知识点视频精讲》《Photoshop CC常用快捷键速查》《Photoshop CC工具速查》《Illustrator基础》《CorelDRAW基础》和配套PPT课件。

（3）赠送设计理论及色彩技巧资源

《配色宝典》《构图宝典》《商业设计宝典》《创意宝典》《色彩速查宝典》《色谱表》《行业色彩应用宝典》。

（4）赠送练习资源

实用设计素材、Photoshop 资源库等。

2. 本书资源下载

（1）关注右侧的微信公众号（设计指北），然后输入"shizhan746"，并发送到公众号后台，即可获取本书资源的下载链接，然后将此链接复制到计算机浏览器的地址栏中，根据提示下载即可。

（2）登录网站xue bokln.cn，输入书名，搜索到本书后下载。

（3）加入本书学习QQ群：776979798（请注意加群时的提示，并根据提示加群），可在线交流学习。

3. Photoshop CC 2019软件获取方式

本书依据Photoshop CC 2019版本编写，建议读者安装Potushop CC 2019版本进行学习和练习。可以通过如下方式获取Photoshop CC简体中文版：

（1）登录Adobe官方网站http://www.adobe.com/cn/下载试用版或购买正版软件。

（2）可到网上咨询、搜索购买方式。

说明：为了方便读者学习，本书提供了大量的素材资源供读者下载，这些资源仅限于读者个人学习使用，不可用于其他任何商业用途。否则，由此带来的一切后果由读者个人承担。

关于作者

本书由唯美世界组织编写，其中，瞿颖健担任主要编写工作，参与本书编写和资料整理的还有曹茂鹏、荆爽、林钰森、瞿玉珍、董辅川、王萍、瞿雅婷、杨力、瞿学严、杨宗香、瞿学统、王爱花、李芳、瞿云芳、韩坤潮、瞿秀英、韩财孝、韩成孝、朱菊芳、尹玉香、尹文斌、邓志云、曹元美、曹元钢、曹元杰、张吉太、孙翠莲、唐玉明、李志瑞、李晓程、朱于凤、石志庆、张玉美、仲米华、张连春、张玉秀、何玉莲、尹菊兰、尹高玉、瞿君业、瞿学儒、瞿小艳、瞿强业、瞿玲、瞿秀芳、瞿红弟、马世英、马会兰、李兴凤、李淑丽、孙敬敏、曹金莲、冯玉梅、孙云霞、张久荣、张凤辉、张吉孟、张桂玲、张玉芬、曹元俊、曹茂忠、朱美华、朱美娟、石志兰、荆延军、谭香从、郗桂霞、闫凤芝、陈吉国、魏修荣、胡海侠、胡立臣、刘彩华、刘彩杰、刘彩艳、刘井文、刘新苹、曲玲香、邢芳芳、邢军、张书亮等人。在此一并表示感谢。

编 者

目录

Contents

目 录

Chapter
13
第13章

数码照片后期处理

本章内容简介

数码照片后期处理一直是 Photoshop 的主要用途之一，需要用到 Photoshop 中的修饰、调色、抠图、合成等多项核心功能，是相对比较综合的操作。本章需要结合多种工具命令进行数码照片后期处理操作的练习。

优秀作品欣赏

13.1 批处理制作清新照片

扫一扫，看视频

文件路径	资源包 \ 第 13 章 \ 批处理制作清新照片
难易指数	★★★★★
技术掌握	"动作"面板、批处理

案例效果

案例效果如图 13-1 ～图 13-4 所示。

图 13-1　　　图 13-2　　　图 13-3　　　图 13-4

操作步骤

步骤 01 当需要对大量图像进行相同处理时，逐一对每个图像进行处理费时、费力，而在 Photoshop 中可以将需要进行的操作"录制"为一系列"动作"，并通过"批处理"功能，快速将动作应用给大量的图像，以此实现图像批量处理的目的。如图 13-5 所示为需要处理的原图。当已经有可以直接使用的"动作库"文件时，就无须打开素材图像，但是需要载入已有的动作素材。执行"窗口>动作"命令，打开"动作"面板，单击"面板菜单"按钮，执行"载入动作"命令，如图 13-6 所示。

图 13-5　　　　　　　图 13-6

步骤 02 在弹出的"载入"窗口中选择已有的动作素材文件，如图 13-7 所示。此时"动作"面板效果如图 13-8 所示。

图 13-7　　　　　　　图 13-8

步骤 03 执行"文件>自动>批处理"命令，打开"批处理"窗口，先设置"组"为"组 1"，"动作"为"动作 1"，设置"源"为"文件夹"，单击"选择"按钮，在弹出的"浏览文件夹"窗口中选择该文件配套的文件夹，单击"确定"按钮完成选择，如图 13-9 所示。

图 13-9

步骤 04 在"批处理"窗口中设置"目标"为"文件夹"，单击"选择"按钮。在弹出的"选取目标文件夹"窗口中选择一个文件夹，然后勾选"覆盖动作中的'存储为'命令"复选框，接着单击"确定"按钮完成设置，如图 13-10 所示。

图 13-10

步骤 05 设置完成后单击"批处理"窗口中的"确定"按钮。此时被批量处理的照片如图 13-11 ～图 13-14 所示。

图 13-11　　图 13-12　　图 13-13　　图 13-14

步骤 06 如果没有可以使用的动作库文件，那么可以重新录制一个新的动作以便使用。执行"窗口>动作"命令或按组合键 Alt+F9，打开"动作"面板。在"动作"面板中单击"创建新动作" 按钮，如图 13-15 所示。然后在弹出的"新建动作"窗口中设置"名称"，为了便于查找也可以设置"颜色"，单击"记录"按钮，开始记录操作，如图 13-16 所示。

图 13-15　　　　　　图 13-16

步骤 07 进行一些操作，"动作"面板中会自动记录当前进行的一系列操作，如图 13-17 所示。操作完成后，可以在"动作"面板中单击"停止播放/记录" 按钮停止记录，可以看到当前记录的动作，如图 13-18 所示。"动作"新建并记录完成后，就可以对其他文件播放"动作"。选择一个动作，然后单击"播放选定的动作" 按钮，随即会进行动作的播放。

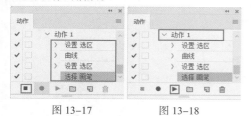

图 13-17　　　　　　图 13-18

 提示：记录动作

在 Photoshop 中能够被记录的内容很多，例如，绝大多数的图像调整命令，部分工具（选框工具、套索工具、魔棒工具、裁剪、切片、魔术橡皮擦、渐变、油漆桶、文字、形状、注释、吸管和颜色取样器），以及部分面板操作（历史记录、色板、颜色、路径、通道、图层和样式）都可以被记录。

步骤 08 编辑完的"动作"可以进行存储，方便下次重复使用。在"动作"面板中选择动作组，接着单击 按钮，执行"存储动作"命令，如图 13-19 所示。弹出"另存为"窗口，在该窗口中设置合适的名称、格式，单击"保存"按钮，如图 13-20 所示。随即完成存储操作，如图 13-21 所示。

图 13-19

图 13-20　　　　　　图 13-21

13.2　人像照片秒变绘画

文件路径	资源包\第 13 章\人像照片秒变绘画
难易指数	★★★★★
技术掌握	阈值、曲线、画笔

扫一扫，看视频

案例效果

案例对比效果如图 13-22 和图 13-23 所示。

图 13-22　　　　图 13-23

操作步骤

步骤 01 执行"文件>打开"命令，将背景素材 1.jpg 打开，如图 13-24 所示。本案例主要通过"阈值"操作将人物的正常照片转换为具有手绘感的黑白图像，再通过明暗程度的调整和色彩的更改，使人物照片展现出手绘感。

图 13-24

步骤 02 将人物的轮廓用"阈值"呈现出黑白效果。执行"图层 > 新建调整图层 > 阈值"命令，在"属性"面板中设置"阈值色阶"为 132，如图 13-25 所示。效果如图 13-26 所示。在调整阈值色阶时除了可以输入具体的数字之外，也可以拖动下方的滑块，左右滑动来调整画面效果。

图 13-25   图 13-26

步骤 03 此时人物面部细节缺失，需要降低画面的亮度来增加细节。选择背景图层（也就是在阈值调整图层的下一层新建"曲线"调整图层），执行"图层 > 新建调整图层 > 曲线"命令，在"属性"面板中将曲线向右下角拖动，如图 13-27 所示。降低画面的亮度，效果如图 13-28 所示。

图 13-27   图 13-28

步骤 04 通过操作曲线调整的效果让人物的头发、下巴的部分区域颜色过重，需要将其隐藏。选择该调整图层的图层蒙版，将其填充为黑色。然后选择工具箱中的"画

笔工具"，在选项栏中设置大小合适的柔边圆画笔，设置"前景色"为白色，设置完成后在画面中进行涂抹，如图 13-29 所示。效果如图 13-30 所示。

图 13-29   图 13-30

步骤 05 将头发部分提亮，丰富头发的细节。在"曲线"1 调整图层上方新建一个"曲线"调整图层。在"属性"面板中将曲线向左上角拖动，如图 13-31 所示。效果如图 13-32 所示。

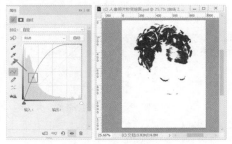

图 13-31   图 13-32

步骤 06 选择该"曲线"调整图层的图层蒙版，将其填充为黑色隐藏调色效果。然后使用大小合适的柔边圆画笔，设置"前景色"为白色，设置完成后在人物头发位置涂抹提高亮度，如图 13-33 所示。效果如图 13-34 所示。

图 13-33   图 13-34

步骤 07 将画面中的人物更改颜色。选择"阈值"调整图层，执行"图层 > 图层样式 > 渐变叠加"命令，在弹出的"图层样式"窗口中设置"混合模式"为"滤色"，"不透明度"为 100%，"渐变"为粉色系渐变，"样式"

为"线性","角度"为 130°，"缩放"为 80%，设置完成后单击"确定"按钮完成操作，如图 13-35 所示。效果如图 13-36 所示。

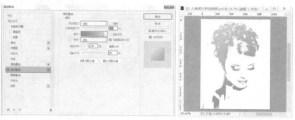

图 13-35　　　　　　　　图 13-36

步骤 08 此时画面的颜色偏亮，需要适当地降低亮度。执行"图层 > 新建调整图层 > 曲线"命令，在"属性"面板中将曲线向右下角拖动，如图 13-37 所示。效果如图 13-38 所示。

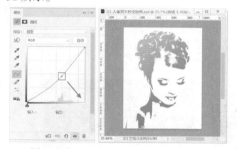

图 13-37　　　　　　　　图 13-38

步骤 09 将背景素材置入画面中。执行"文件 > 置入嵌入的对象"命令，在弹出的"置入嵌入的对象"窗口中选择素材 2.jpg，然后单击置入按钮将素材置入画面中，如图 13-39 所示。再选择该素材图层，右击，在弹出的快捷菜单中执行"栅格化图层"命令，将该图层进行栅格化处理。

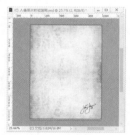

图 13-39

步骤 10 此时置入的素材将人物遮挡住，需要设置混合模式将人物与背景素材较好地融为一体。选择背景素材图层，设置"混合模式"为"正片叠底"，如图 13-40 所示。此时具有手绘感的人物图像制作完成，效果如图 13-41 所示。

图 13-40　　　　　　　图 13-41

13.3 打造复古胶片风格画面

文件路径	资源包 \ 第 13 章 \ 打造复古胶片风格画面
难易指数	★★★★★
技术掌握	"添加杂色"滤镜、曲线、曝光度

扫一扫，看视频

案例效果

案例对比效果如图 13-42 和图 13-43 所示。

图 13-42　　　　　　　图 13-43

操作步骤

步骤 01 执行"文件 > 打开"命令，将背景素材打开，如图 13-44 所示。本案例通过对人物素材添加杂色和制作暗角的操作，制作出具有复古气息的胶片照片效果。

图 13-44

步骤 02 在画面中适当地添加一些杂色来增强胶片的效果。选择背景图层，使用组合键 Ctrl+J 将其复制一份。然后选择复制得到的图层，执行"滤镜 > 杂色 > 添加杂色"命令，在弹出的"添加杂色"窗口中设置"数量"

为 25%，选中"高斯分布"单选按钮，勾选"单色"选项，设置完成后单击"确定"按钮完成操作，如图 13-45 所示。效果如图 13-46 所示。

图 13-45　　　　　　图 13-46

步骤 03 此时画面颜色偏暗，需要提高亮度。执行"图层 > 新建调整图层 > 曲线"命令，打开"属性"面板，在曲线中段单击鼠标添加控制点，然后将曲线向左上角拖动，如图 13-47 所示。效果如图 13-48 所示。

图 13-47　　　　　　图 13-48

步骤 04 在画面中制作暗角效果。执行"图层 > 新建调整图层 > 曝光度"命令，在"属性"面板中设置"曝光度"为 -6.00，如图 13-49 所示。效果如图 13-50 所示。

图 13-49　　　　　　图 13-50

步骤 05 将画面中间部位的图像显示出来制作暗角效果。选择"曝光度"调整图层的图层蒙版，单击工具箱中的"画笔工具"按钮，在选项栏中设置较大笔尖的柔边圆画笔，设置"前景色"为黑色，设置完成后在画面中间涂抹，只保留四角的位置调色效果，如图 13-51 所示。本案例制作完成，效果如图 13-52 所示。

图 13-51　　　　　　图 13-52

13.4　画中画

文件路径	资源包 \ 第 13 章 \ 画中画
难易指数	
技术掌握	混合模式、图层蒙版、画笔工具、"黑白"调整图层

案例效果

案例效果如图 13-53 所示。

扫一扫，看视频

图 13-53

操作步骤

步骤 01 执行"文件 > 打开"命令，将背景素材 1.jpg 打开。如图 13-54 所示。接着执行"文件 > 置入嵌入的对象"命令，将素材 2.png 置入画面中。调整大小，放在背景人物的上方位置并将该图层进行栅格化处理，如图 13-55 所示。

图 13-54　　　　　　图 13-55

步骤 02 选择背景图层，使用组合键 Ctrl+J 将其复制一份。然后将复制的背景图层移至素材 2.png 图层上方，如图 13-56 所示。效果如图 13-57 所示。

图 13-56　　　　　　　图 13-57

步骤 03 选择复制的背景图层，设置"混合模式"为"正片叠底"，如图 13-58 所示。效果如图 13-59 所示。

图 13-58　　　　　　　图 13-59

步骤 04 此时复制的背景图层有多余出来的部分，需要将其隐藏。按住 Ctrl 键的同时单击素材 2.png 图层的缩略图载入选区，如图 13-60 所示。选区效果如图 13-61 所示。

图 13-60　　　　　　　图 13-61

步骤 05 选择复制的背景图层，然后单击"图层"面板底部的"添加图层蒙版"按钮，为该图层添加图层蒙版，将不需要的部分隐藏，如图 13-62 所示。效果如图 13-63 所示。

图 13-62　　　　　　　图 13-63

步骤 06 将画面中手的部位清晰地显示出来。选择复制背景图层的图层蒙版，单击工具箱中的"画笔工具"，在选项栏中设置大小合适的硬边圆画笔，设置"前景色"为黑色，设置完成后在图层蒙版中人物手的位置进行涂

抹，如图 13-64 所示。效果如图 13-65 所示。

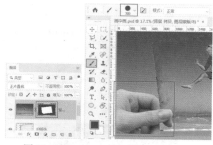

图 13-64　　　　　　　图 13-65

步骤 07 为人像调整颜色。执行"图层 > 新建调整图层 > 黑白"命令，在弹出的"新建图层"窗口中单击"确定"按钮创建一个"黑白"调整图层。接着在"属性"面板中设置"红色"为 40，"黄色"为 60，"绿色"为 40，"青色"为 60，"蓝色"为 20，设置完成后单击面板底部的"此调整剪切到此图层"按钮，使调整效果只针对下方图层，如图 13-66 所示。此时本案例制作完成，效果如图 13-67 所示。

图 13-66　　　　　　　图 13-67

13.5　炫酷双色人像

文件路径	资源包 \ 第 13 章 \ 炫酷双色人像
难易指数	★★★★★
技术掌握	通道操作、横排文字工具、剪贴蒙版

案例效果

案例效果如图 13-68 所示。

图 13-68

扫一扫，看视频

操作步骤

Part 1　制作背景

步骤 01 执行"文件 > 打开"命令，将人物素材 1.jpg 打开，如图 13-69 所示。本案例主要通过对通道的变换使用打造出炫酷的双色海报。为了避免破坏原始图像，选择背景图层使用组合键 Ctrl+J 将其复制一份。

图 13-69

步骤 02 选择复制得到的图层，执行"窗口 > 通道"命令，在弹出的"通道"面板中选择"红"通道，如图 13-70 所示。然后使用组合键 Ctrl+A 将画面全选。画面效果如图 13-71 所示。

图 13-70　　　　　　图 13-71

步骤 03 在"红"通道被选中的状态下单击 RGB 通道前的显示按钮，显示出完整画面效果，如图 13-72 所示。然后使用自由变换组合键 Ctrl+T 调出定界框，右击，在弹出的快捷菜单中执行"水平翻转"命令，将通道图像进行水平翻转，此时画面颜色发生了非常明显的变化，如图 13-73 所示。操作完成后按 Enter 键完成操作，使用组合键 Ctrl+D 取消选区。

图 13-72　　　　　　图 13-73

步骤 04 通过操作，画面下方位置的颜色过亮，需要降

低曝光度。执行"图层 > 新建调整图层 > 曝光度"命令，在弹出的"新建图层"窗口中单击"确定"按钮创建一个"曝光度"调整图层。然后在"属性"面板中设置"曝光度"为 -20.00，如图 13-74 所示。效果如图 13-75 所示。

图 13-74　　　　　　图 13-75

步骤 05 将画面的人物部分区域显示出来。选择"曝光度"调整图层的图层蒙版，单击工具箱中的"画笔工具"按钮，在选项栏中设置大小合适的柔边圆画笔，设置"前景色"为黑色，设置完成后在画面中进行涂抹，如图 13-76 所示。画面效果如图 13-77 所示。

图 13-76　　　　　　图 13-77

Part 2　制作主体文字

步骤 01 单击工具箱中的"横排文字工具"按钮，在选项栏中设置合适的"字体""字号"和"颜色"，设置完成后在画面下方位置单击输入文字，如图 13-78 所示。文字输入完成后按 Ctrl+Enter 组合键完成操作。

图 13-78

步骤 02 选择文字图层,执行"窗口 > 字符"命令,在弹出的"字符"面板中设置"字符间距"为 –50,如图 13-79 所示。效果如图 13-80 所示。

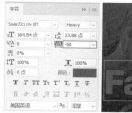

图 13-79　　　　　　　　　　图 13-80

步骤 03 使用同样的方式在已有文字下方继续输入文字,如图 13-81 所示。接着选择该文字图层,在"字符"面板中设置"字符间距"为 150,单击面板底部的"全部大写字母"按钮,将字母全部设置为大写,如图 13-82 所示。效果如图 13-83 所示。

图 13-81　　　　　　　　图 13-82　　　　　　　　图 13-83

步骤 04 选择主体文字图层,使用组合键 Ctrl+J 将其复制一份。然后选择复制得到的文字图层,在"字符"面板中设置文字颜色为红色,如图 13-84 所示。效果如图 13-85 所示。然后使用同样的方式将其他文字的颜色更改为相同的红色,效果如图 13-86 所示。按住 Ctrl 键依次加选两个红色文字图层,使用组合键 Ctrl+G 将其编组,以备后面操作使用。

图 13-84　　　　　　　图 13-85　　　　　　　　图 13-86

步骤 05 将青色文字的部分区域显示出来。选择编组的文字图层组,单击工具箱中的"矩形选框工具"按钮,在选项栏中单击"添加到选区"按钮,设置完成后在主体文字上方绘制选区,如图 13-87 所示。然后在选区内部右击,在弹出的快捷菜单中执行"变换选区"命令调出定界框,然后将选区进行旋转,如图 13-88 所示。旋转完成后按 Enter 键确定变换操作。

图 13-87

图 13-88

步骤 06 继续使用"多边形套索工具"绘制另外两部分选区，如图 13-89 所示。

图 13-89

步骤 07 在当前选区状态下，单击"图层"面板底部的"添加图层蒙版"按钮，为该图层组添加图层蒙版，将不需要的部分隐藏，使青色的文字显示出来，如图 13-90 所示。效果如图 13-91 所示。

图 13-90　　　　图 13-91

步骤 08 为编组的图层组添加"投影"图层样式，增加文字的立体感。选择编组的文字图层，执行"图层 > 图层样式 > 投影"命令，在弹出的"图层样式"窗口中设置"混合模式"为"正片叠底"，"颜色"为黑色，"不透明度"为 75%，"大小"为 1 像素，设置完成后单击"确定"按钮，如图 13-92 所示。此时本案例制作完成，效果如图 13-93 所示（由于设置的投影数值较小，所以投影的效果看上去不是太明显，将画面进行适当的放大就能够较为清楚地看到该效果）。

图 13-92　　　　图 13-93

13.6 浪漫樱花风景照片处理

文件路径	资源包 \ 第 13 章 \ 浪漫樱花风景照片处理
难易指数	★★★★★
技术掌握	自然饱和度、色相/饱和度、色彩平衡、高斯模糊、混合模式

案例效果

案例对比效果如图 13-94 和图 13-95 所示。

扫一扫，看视频

图 13-94　　　图 13-95

操作步骤

步骤 01 执行"文件 > 打开"命令，打开风景素材 1.jpg，如图 13-96 所示。单击背景图层，右击，在弹出的快捷菜单中执行"复制图层"命令，将背景图层进行复制，如图 13-97 所示。

图 13-96　　　　图 13-97

步骤 02 执行"滤镜 > 模糊 > 高斯模糊"命令，在"高斯模糊"窗口中设置"半径"为 5.0 像素，设置完成后单击"确定"按钮，如图 13-98 所示。此时画面效果如图 13-99 所示。

图 13-98　　　　图 13-99

步骤 03 将该图层的"混合模式"设置为"柔光"，如图 13-100 所示。此时画面颜色的对比度增加了，并且产生了一种朦胧的柔光感。效果如图 13-101 所示。

图 13-100　　　　图 13-101

步骤 04 加强画面自然饱和度。执行"图层 > 新建调整图层 > 自然饱和度"命令，在"自然饱和度"面板中设置"自然饱和度"为 +43，设置"饱和度"为 +76，参数设置如图 13-102 所示。此时画面效果如图 13-103 所示。

图 13-102　　　　图 13-103

步骤 05 执行"图层 > 新建调整图层 > 色相 / 饱和度"命令，在"色相 / 饱和度"面板中设置"色相"为 +7，参数设置如图 13-104 所示。此时画面效果如图 13-105 所示。

图 13-104　　　　图 13-105

步骤 06 调整樱花颜色，使樱花颜色更鲜艳。执行"图层 > 新建调整图层 > 色彩平衡"命令，在"色彩平衡"面板中设置"色调"为"中间调"，"青色 – 红色"为 +35，"洋红 – 绿色"为 -20，"黄色 – 蓝色"为 0，参数设置如图 13-106 所示。此时画面效果如图 13-107 所示。

图 13-106　　　　图 13-107

步骤 07 再将"色调"设置为"高光"，"洋红 – 绿色"为 -20，参数设置如图 13-108 所示。此时画面效果如图 13-109 所示。

图 13-108　　　　图 13-109

步骤 08 选择调整图层的图层蒙版，然后将"前景色"设置为黑色，使用组合键 Alt+Delete 以前景色进行填充，此时调色效果将被隐藏。然后再把"前景色"设置为白色，选择工具箱中的"画笔工具" ，在画笔选取器中设置"大小"为 150 像素，选择一个柔角笔尖。接着在樱花处进行涂抹，显示樱花位置的调色效果，如图 13-110 所示。

图 13-110

步骤 09 增加画面颜色的自然饱和度。执行"图层 > 新建调整图层 > 自然饱和度"命令，在"自然饱和度"面板中设置"自然饱和度"为 +65，参数效果如图 13-111 所示。本案例效果完成如图 13-112 所示。

图 13-111　　　　图 13-112

13.7 婚纱摄影后期修饰

文件路径	资源包 \ 第 13 章 \ 婚纱摄影后期修饰
难易指数	★★★★★
技术掌握	仿制图章、曲线、色彩平衡、色相\饱和度、图层蒙版

案例效果

案例对比效果如图 13-113 和图 13-114 所示。

扫一扫，看视频　　图 13-113　　　　图 13-114

操作步骤

Part 1　人像皮肤处理

步骤 01 执行"文件 > 打开"命令，打开人像素材 1.jpg，如图 13-115 所示。首先在"图层"面板中创建一个用于观察皮肤瑕疵问题的"观察组"图层，其中包括使图像变为黑白效果的图层（在黑白的画面中更容易看到皮肤明暗不均的问题），以及一个强化明暗反差的图层。执行"图层 > 新建调整图层 > 黑白"命令，画面呈现出黑白效果，如图 13-116 所示。

图 13-115　　　　图 13-116

步骤 02 为了更清晰地观察到画面的明暗对比，执行"图层 > 新建调整图层 > 曲线"命令，在曲线上单击添加两个控制点创建 S 形曲线，如图 13-117 所示。此时，画面明暗对比更加强烈。将这两个图层放置在一个图层组中，命名为"观察组"，如图 13-118 所示。通过观察，此时面部皮肤上仍有较多明暗不均匀的情况，需要通过对偏暗的细节进行提亮的方式，使皮肤明暗变得更加均匀。

图 13-117　　　　图 13-118

步骤 03 使用曲线提亮人物面部。执行"图层 > 新建调整图层 > 曲线"命令，在曲线上单击添加一个控制点并向左上角拖曳，提升画面亮度，如图 13-119 所示。在该调整图层蒙版中填充黑色，并使用白色的、透明度为 10% 左右的、较小的柔边圆画笔，在蒙版中鼻骨、颧骨、下腭、法令纹及颈部位置按住鼠标左键进行涂抹。蒙版与画面效果如图 13-120 所示。

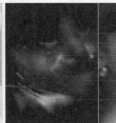

图 13-119　　　　图 13-120

步骤 04 继续提亮颧骨及脸颊等。执行"图层 > 新建调整图层 > 曲线"命令，在曲线上单击添加一个控制点并向左上角拖曳，如图 13-121 所示。设置"前景色"为黑色，使用填充前景色组合键 Alt+Delete 填充调整图层的图层蒙版。接着将"前景色"设置为白色，再次单击工具箱中的"画笔工具"按钮，在选项栏中设置合适的画笔"大小"及"不透明度"，在人物面部进行涂抹，如图 13-122 所示。

图 13-121　　　　　　　图 13-122

步骤 05 使用同样的方式继续新建一个提亮的"曲线"调整图层，如图 13-123 所示。将调整图层的图层蒙版填充为黑色，接着将"前景色"设置为白色，选择合适的画笔，在人物眼白、颧骨等位置进行涂抹，再次进行提亮，此时蒙版效果如图 13-124 所示。此时，画面效果如图 13-125 所示。

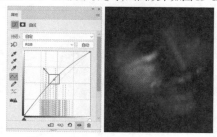

图 13-123　　　　　　　图 13-124

图 13-125

步骤 06 使用组合键 Ctrl+Alt+Shift+E 进行盖印。接下来去除颈纹和胳膊处的褶皱。在工具箱中单击"修补工具"按钮，框选脖子上的颈纹，接着按住鼠标左键向下拖曳，拾取近处的皮肤，释放鼠标后颈纹消失，如图 13-126 所示。此时画面效果如图 13-127 所示。

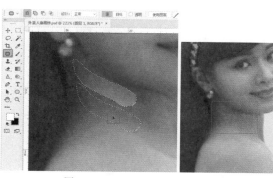

图 13-126　　　　　　　图 13-127

步骤 07 再次选择"修补工具"，使用同样的方法去除其他区域的瑕疵，如图 13-128 所示。此时画面效果如图 13-129 所示。

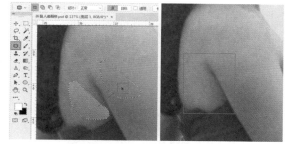

图 13-128　　　　　　　图 13-129

步骤 08 使用"液化"滤镜调整人物形态。在菜单栏中执行"滤镜 > 液化"命令，在弹出的"液化"窗口中单击"向前变形工具"按钮，设置画笔"大小"为 100，接着将光标移到左脸下方，按住鼠标左键由外自内进行拖动，如图 13-130 所示。此时面部变瘦。使用同样的方法调整腰形及胳膊，如图 13-131 所示。

图 13-130　　　　　　　图 13-131

步骤 09 此时放大图像可以看出人物苹果肌和脖子的位置较暗，接下来进行提亮。再次新建一个"曲线"调整图层，在"属性"面板中的曲线上单击创建一个控制点，然后按住鼠标左键并向左上拖动控制点，使画面变亮，如图 13-132 所示。此时画面效果如图 13-133 所示。

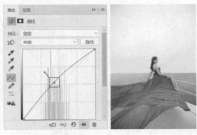

图 13-132　　　　　图 13-133

步骤 10 将调整图层的图层蒙版填充为黑色，设置"前景色"为白色，单击"画笔工具"按钮，选择一个柔边圆画笔，设置合适的画笔"大小"和"不透明度"，接着在人物颧骨和脖子的位置进行涂抹，涂抹过的位置变亮，如图 13-134 所示。

图 13-134

步骤 11 再次新建一个"曲线"调整图层，在"属性"面板中的曲线上单击创建一个控制点，然后按住鼠标左键并向左上拖动控制点，使画面变亮，如图 13-135 所示。将该调整图层的图层蒙版填充为黑色，单击工具箱中的"画笔工具"按钮，并设置画笔"大小"为 200，"不透明度"为 100%，接着使用白色的柔边圆画笔在人物皮肤上进行涂抹，提亮肤色。此时画面效果如图 13-136 所示。蒙版效果如图 13-137 所示。

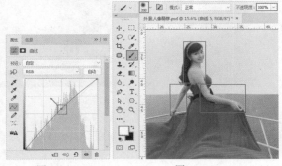

图 13-135　　　　　　　图 13-136

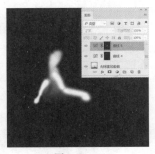

图 13-137

Part 2　调整天空及海面颜色

步骤 01 去除水面上的建筑和船舶。单击工具箱中"仿制图章"工具按钮，按住 Alt 键拾取附近的可用颜色，然后按住鼠标左键进行涂抹，如图 13-138 所示。接着涂抹水面上的船舶和右侧建筑，涂抹完成后，画面效果如图 13-139 所示。

图 13-138　　　　　　　图 13-139

步骤 02 调整裙摆色调。新建一个"曲线"调整图层，在"属性"面板中的曲线上单击创建两个控制点并向右下拖动，如图 13-140 所示。将调整图层的图层蒙版填充为黑色，单击工具箱中的"画笔工具"按钮，设置合适的画笔"大小"和"不透明度"，接着使用白色的柔边圆画笔在裙摆上方进行涂抹，显现调色效果，如图 13-141 所示。

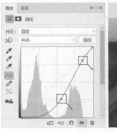

图 13-140　　　　　　图 13-141

步骤 03 将水面调整为蓝色。执行"图层 > 新建调整图层 > 色彩平衡"命令,接着在"属性"面板中设置"色调"为"中间调","青色 – 红色"为 –32,"洋红 – 绿色"为 +19,"黄色 – 蓝色"为 +47,如图 13–142 所示。在调整图层蒙版中使用黑色填充,并使用白色画笔涂抹海水以外的区域。此时画面效果如图 13–143 所示。

图 13–142　　　　　图 13–143

步骤 04 压暗远景水面。再次新建一个"曲线"调整图层,在曲线上单击创建一个控制点,然后按住鼠标左键并向右下拖动控制点,使画面变暗,如图 13–144 所示。设置通道为"蓝",在"蓝 通道"中创建一个控制点并向左上拖动,使画面倾向于蓝色,如图 13–145 所示。在调整图层蒙版中使用黑色填充,并使用白色画笔涂抹远处水面位置,使水面分界线更加明显。此时画面效果如图 13–146 所示。

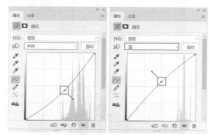

图 13–144　　　　　图 13–145

图 13–146

步骤 05 制作天空部分。置入素材 2.jpg,并栅格化该图层,如图 13–147 所示。选择素材 2 图层,单击"图层"

面板底部的"添加图层蒙版" 🔲 按钮。接着使用黑色柔边圆画笔涂抹遮挡住人物部分,如图 13–148 所示。

图 13–147　　　　　图 13–148

步骤 06 再次创建一个"曲线"调整图层,在曲线上单击创建一个控制点,然后按住鼠标左键向左上拖动,使画面变亮,如图 13–149 所示。将该调整图层的图层蒙版填充为黑色,选择这个图层蒙版,使用白色的柔边圆画笔在远处天空底部位置进行涂抹。此时画面效果如图 13–150 所示。

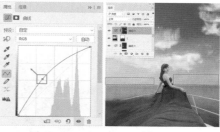

图 13–149　　　　　图 13–150

步骤 07 调整天空颜色。执行"图层 > 新建调整图层 > 色相 / 饱和度"命令,得到调整图层。接着在"属性"面板中设置"色相"为 –6,"饱和度"为 –53,"明度"为 +22,如图 13–151 所示。此时画面呈现偏灰效果,在"图层"面板中单击该调整图层的图层蒙版将其填充为黑色,并使用白色柔边圆画笔涂抹天空区域,使天空受到该调整图层影响,如图 13–152 所示。

图 13–151　　　　　图 13–152

步骤 08 再次新建一个"曲线"调整图层,在弹出的"属性"面板中单击添加两个控制点,并调整曲线形态,增强画面对比度，如图 13-153 所示。将该图层的图层蒙版填充为黑色，然后将"前景色"设置为白色，单击工具箱中的"画笔工具"按钮，选择合适的柔边圆画笔，然后在该调整图层蒙版中使用画笔涂抹裙摆位置，涂抹完成后，此时效果如图 13-154 所示。

图 13-153　　　　图 13-154

步骤 09 可以看出右侧地面偏红，再次执行"图层 > 新建调整图层 > 色相 / 饱和度"命令，得到调整图层。接着在"属性"面板中设置"饱和度"为 -27，如图 13-155 所示。此时画面效果如图 13-156 所示。将"色相 / 饱和度"的图层蒙版填充为黑色，使用白色柔边圆画笔涂抹地面。此时画面效果如图 13-157 所示。

图 13-155　　　　图 13-156

图 13-157

步骤 10 使用盖印组合键 Ctrl+Alt+Shift+E 盖印当前画面效果为一个独立图层。选中该图层，执行"滤镜 >CameraRAW"命令，在右侧"基本"参数列表中设置"黑色"为 +18，将画面中暗部区域变亮一些；单击顶部的"细节"按钮，设置"数量"为 100，"半径"为 0.5，"明亮度"为 20，"明亮度细节"为 40，使画面锐度提升；单击顶部的"效果"按钮，设置"数量"为 -70，"中点"为 50，"羽化"为 50，此时画面四周出现暗角效果，画面主体人物显得更加突出（注意此处的数值设置与图像尺寸有关，所以处理不同尺寸的图像时，需要注意根据实际情况设置数值）。单击右下角的"确定"按钮，完成操作，如图 13-158 所示。此时画面效果如图 13-159 所示。

图 13-158

图 13-159

Chapter
14
第14章

标志设计

本章内容简介

标志是品牌形象核心部分（也经常称为 logo），是一种视觉语言符号。它以简洁、易识别的图形或文字符号作为视觉语言，快速地传递某种信息，凸显某种特定内涵。本章主要学习标志相关的基础知识，并通过相关案例的制作进行标志设计制图的练习。

优秀作品欣赏

14.1 标志设计基础知识

标志是品牌形象核心部分（也经常称为 logo），是一种视觉语言符号。它以简洁、易识别的图形或文字符号作为视觉语言，快速地传递某种信息，凸显某种特定内涵。

14.1.1 什么是标志

"标志"的英文 logo 一词来源于希腊文的 logos，本意为"字词"和"理性思维"。而"标志"一词在《现代汉语词典》中的解释为"表明特征的记号"。标志以其凝练的表达方式向人们表达了一定的含义和信息。

广义上标志可以分为两大类，一类是商业性的；另一类是非商业性的。所谓商业性的标志，即以盈利为目的，以经济收入为目的。在世界范围内，标志可以说是一种非常容易被人们理解、接受，并成为国际化的视觉语言。如图 14-1 所示为全球知名品牌的标志设计。而非商业性的标志则不是以经济回报为目的，是立足于社会可持续发展为根本目标的标志，如图 14-2 所示。

图 14-1   图 14-2

标志的功能在于传达其身后主题的内涵，与外界起到沟通交流的作用。标志的内容不同，其应用的范围与功能的发挥就不同。一个优秀的标志设计，首先考虑的是最终的目的，这样才能做出与之相匹配的设计。标志的功能主要体现在以下几点。

- 向导功能：为观者起到一定的向导作用，同时确立并扩大了企业的影响。
- 区别功能：为企业之间起到一定的区别作用，使得企业具有自己的形象而创造一定的价值。
- 保护功能：为消费者提供了质量保证，为企业提供了品牌保护的功能。

14.1.2 不同类型的标志

按照标准图形的组成要素来看，标志设计类型可以

分为文字标志、图形标志和图文结合的标志三种，无论采用哪种形式，作为符号语言都需要简练、概括，又要讲究艺术性。

文字标志

文字标志主要包括汉字、字母及数字三种类型文字。主要是通过文字的加工处理进行设计，根据不同的象征意义进行有意识的文字设计，如图 14-3 和图 14-4 所示。

图 14-3   图 14-4

图形标志

图形标志是以图形为主，主要分为具象型和抽象型。图形标志较之于文字标志更加清晰明了，易于理解。

具象型标志是对采用对象的一种高度概括和提炼，对采用对象进行一定的加工处理又不失原有象征意义。其素材有自然物、人物、动物、植物、器物、建筑物及景观造型等，如图 14-5 和图 14-6 所示。

图 14-5   图 14-6

抽象型标志是对抽象的几何图形或符号进行有意义的编排与设计。利用抽象图形的自然属性所带给观者的视觉感受而赋予其一定的内涵与寓意以此来表现主体所暗含的深意。其素材有三角形标志、圆形标志、多边形标志、方向形标志等，如图 14-7 和图 14-8 所示。

图 14-7   图 14-8

图文结合的标志

图文结合的标志是以图形加文字的形式进行设计的。其表现形式更为多样，效果也更为丰富饱满。应用的范围更为广泛，如图 14-9 和图 14-10 所示。

图 14-9　　　　　　　图 14-10

14.2 制作多彩拼贴标志

文件路径	资源 \ 第 14 章 \ 制作多彩拼贴标志
难易指数	★★★★★
技术掌握	钢笔工具、创建剪贴蒙版

案例效果

案例效果如图 14-11 所示。

图 14-11　　　　　扫一扫，看视频

操作步骤

步骤 01 新建一个空白文档，使用组合键 Ctrl+R 打开标尺，然后建立一些辅助线，如图 14-12 所示。单击工具箱中的"矩形工具"按钮，在选项栏上设置"绘制模式"为"形状"，设置"填充颜色"为浅粉色，在画面上绘制一个矩形，接着在选项栏上设置"运算模式"为"合并形状"，如图 14-13 所示。

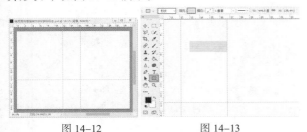

图 14-12　　　　　　　图 14-13

步骤 02 继续在画面上绘制其他的矩形，如图 14-14 所示。绘制的这些图形位于同一图层中，如图 14-15 所示。

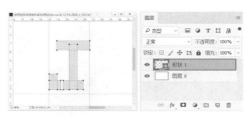

图 14-14　　　　　　　图 14-15

步骤 03 新建一个图层，设置"前景色"为粉红色。单击工具箱中的"矩形选框工具"按钮，绘制一个矩形选区。按 Alt+Delete 组合键填充前景色，按 Ctrl+D 组合键取消选择，如图 14-16 所示。使用同样的方式绘制其他颜色的矩形，如图 14-17 所示。

图 14-16　　　　　　　图 14-17

步骤 04 按住 Ctrl 键单击加选彩色矩形图层，使用自由变换组合键 Ctrl+T 调出定界框，然后适当旋转，如图 14-18 所示。接着按 Enter 键确定变换操作，接着在加选图层的状态下，执行"图层 > 创建剪贴蒙版"命令，超出底部图形的区域被隐藏。此时文字效果如图 14-19 所示。

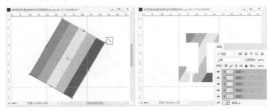

图 14-18　　　　　　　图 14-19

步骤 05 单击工具箱中的"横排文字工具"按钮，在选项栏中设置合适的"字体""字号"，设置"文本颜色"为深灰色，在画面上单击输入文字，如图 14-20 所示。使用同样的方式输入其他文字，如图 14-21 所示。

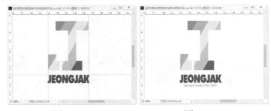

图 14-20　　　　　　　图 14-21

步骤 06 执行"文件 > 置入嵌入的对象"命令，置入素材 1.jpg，将该图层作为背景图层放置在构成标志图层的下方。最终效果如图 14-22 所示。

图 14-22

14.3 童装网店标志设计

文件路径	资源包 \ 第 14 章 \ 童装网店标志设计
难易指数	★★★★★
技术掌握	形状工具、图层样式、横排文字工具、钢笔工具

案例效果

案例效果如图 14-23 所示。

扫一扫，看视频

图 14-23

操作步骤

Part 1 制作标志背景

步骤 01 执行"文件 > 新建"命令，创建出一个新文档。效果如图 14-24 所示。

图 14-24

步骤 02 单击工具箱中的"渐变工具"按钮，在选项栏中单击 按钮，弹出"渐变编辑器"窗口。设置第一个色标为灰色，设置第二个色标为白色，如图 14-25 所示。单击"确定"按钮，在画面中按住鼠标

拖曳，填充渐变色。效果如图 14-26 所示。

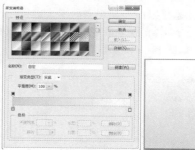

图 14-25　　　　图 14-26

Part 2 制作标志图形

步骤 01 单击工具箱中的"椭圆工具"按钮，在选项栏中设置"绘制模式"为"形状"，"填充"为浅黄色，"描边"为无，按住 Shift 键的同时在画面中按住鼠标左键拖曳绘制出一个正圆，如图 14-27 所示。

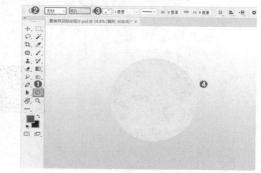

图 14-27

步骤 02 执行"文件 > 置入嵌入的对象"命令，选择素材 1.png 将其置入，如图 14-28 所示。将素材图片摆放在合适位置，按 Enter 键确定置入图片，然后将该图层栅格化，如图 14-29 所示。

图 14-28　　　　图 14-29

步骤 03 为卡通素材添加描边。选择小狗图层，执行"图层 > 图层样式 > 描边"命令，设置"大小"为 30 像素，"位置"为"居中"，"填充类型"为"颜色"，"颜色"为紫色，如图 14-30 所示。单击"确定"按钮，效果如图 14-31 所示。

图 14-30　　　　　　　图 14-31

Part 3　制作标志上的文字

步骤 01 单击工具箱中的"横排文字工具"按钮，在选项栏中设置合适的"字体""字号"，设置"字体颜色"为白色，在画面中单击并输入文字，按组合键 Ctrl+Enter 完成操作，如图 14-32 所示。使用同样方法输入其他文字，如图 14-33 所示。

图 14-32　　　　　　　图 14-33

步骤 02 单击工具箱中的"自定形状工具"按钮，在选项栏中设置"绘制模式"为"形状"，"填充"为白色，"描边"为无。设置自定形状，单击 按钮，在下拉菜单中选择一种合适的形状，然后在画面中按住鼠标左键拖曳绘制形状，如图 14-34 所示。

图 14-34

步骤 03 单击工具箱中的"钢笔工具"按钮，在选项栏中设置"绘制模式"为"路径"，然后在文字周围绘制轮廓路径，如图 14-35 所示。使用转换为选区组合键

Ctrl+Enter 将绘制的路径转换为选区，如图 14-36 所示。

图 14-35　　　　　　　图 14-36

步骤 04 在这个文字图层的下方新建一个图层，命名为"阴影"，如图 14-37 所示。将"前景色"设置为与卡通形象描边相同的颜色，使用填充前景色组合键 Alt+Delete，将选区内填充颜色，完成后使用组合键 Ctrl+D 取消选区。效果如图 14-38 所示。

图 14-37　　　　　　　图 14-38

步骤 05 继续为下方小文字以及上方的卡通爪子添加紫色的阴影，将各自的"阴影"图层均摆放在各自图层下方，如图 14-39 和图 14-40 所示。

图 14-39　　　　　　　图 14-40

14.4　金属质感标志设计

文件路径	资源包 \ 第 14 章 \ 金属质感标志设计
难易指数	★★★★★
技术掌握	横排文字工具、渐变工具、图层样式、剪贴蒙版

案例效果

案例效果如图 14-41 所示。

扫一扫，看视频

图 14-41

操作步骤

Part 1　制作主体文字

步骤 01 执行"文件 > 新建"命令，创建一个大小合适的空白文档。单击工具箱中的"前景色"按钮，在弹出的"拾色器"窗口中设置"颜色"为深蓝色，设置完成后单击"确定"按钮完成操作。接着使用前景色填充，使用组合键 Alt+Delete 进行填充。效果如图 14-42 所示。

图 14-42

步骤 02 单击工具箱中的"画笔工具"按钮，在选项栏中设置较大笔尖的柔边圆画笔，设置"前景色"为蓝色，设置完成后在画面中间绘制蓝色，如图 14-43 所示。此时背景制作完成。

图 14-43

步骤 03 单击工具箱中的"横排文字工具"按钮，在选项栏中设置合适的"字体""字号"和"颜色"，设置完成后在画面中单击输入文字，如图 14-44 所示。文字输入完成后按 Ctrl+Enter 组合键完成操作。

图 14-44

步骤 04 选择该文字图层，执行"窗口 > 字符"命令，在弹出的"字符"面板中单击"仿斜体"按钮将字体倾斜，如图 14-45 所示。效果如图 14-46 所示。

图 14-45　　　　　图 14-46

步骤 05 将文字转换为形状，对文字进行变形。选择文字图层，右击，在弹出的快捷菜单中执行"转换为形状"命令，将文字转换为形状，如图 14-47 所示。接着使用"路径选择工具"在文字上单击即可显示文字上的锚点，如图 14-48 所示。通过调整锚点可对文字进行变形。

图 14-47　　　　　图 14-48

步骤 06 单击工具箱中的"直接选择工具"按钮，在锚点上选中锚点，然后按住鼠标左键拖动锚点更改文字形状，如图 14-49 所示。继续进行文字的形态调整的操作，如图 14-50 所示。

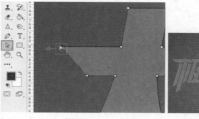

图 14-49　　　　　图 14-50

Part 2　制作文字金属质感

步骤 01 为了便于观察，可以将文字填充为浅一些的颜色。接下来制作文字的厚度，首先按住 Ctrl 键单击变形文字的缩略图载入选区，如图 14-51 所示。接着执行"选择 > 修改 > 扩展"命令，在弹出的"扩展选区"窗口中设置"扩展量"为 10 像素，设置完成后单击"确定"按钮完成操作，如图 14-52 所示。效果如图 14-53 所示。

图 14-51　　　　　　图 14-52　　　　　　图 14-53

步骤 02 新建一个图层，单击工具箱中的"渐变工具"按钮，接着单击选项栏中的渐变色条，在弹出的"渐变编辑器"窗口中编辑金色系的渐变颜色，设置完成后单击"确定"按钮。然后设置"渐变类型"为"线性渐变"，如图 14-54 所示。接着在选区中按住鼠标左键拖动进行填充，效果如图 14-55 所示。

图 14-54　　　　　　　　　图 14-55

步骤 03 使用组合键 Ctrl+D 取消选区，然后将金色文字图层移至灰色文字图层的下方，然后将金色文字向右下移动。效果如图 14-56 所示。

图 14-56

步骤 04 为金色文字添加阴影。选中金色文字图层，执行"图层 > 图层样式 > 投影"命令，在弹出的"图层样式"窗口中设置"混合模式"为"正片叠底"，"颜色"为黑色，"不透明度"为 100%，"角度"为 132 度，"距离"为 0

像素，"扩展"为 0%，"大小"为 30 像素，"杂色"为 0%，设置完成后单击"确定"按钮完成操作，如图 14-57 所示。效果如图 14-58 所示。

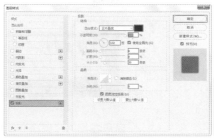

图 14-57　　　　　　　　　图 14-58

步骤 05 制作金色文字上的部分压暗区域，使文字的立体感更加真实。在这里假定光源由左上到右下照射，所以暗部区域添加的位置主要位于文字右侧的背光面。首先在灰色文字图层下方新建图层，命名为"阴影"。然后使用黑色半透明画笔在文字边缘按住鼠标左键涂抹，如图 14-59 所示。继续以同样的方式在其他位置进行涂抹，制作出金属光泽的效果，如图 14-60 所示。

图 14-59　　　　　　　　　图 14-60

步骤 06 选择"阴影"图层，右击，在弹出的快捷菜单中执行"创建剪贴蒙版"命令，如图 14-61 所示。使超出范围的部分隐藏，效果如图 14-62 所示。

图 14-61　　　　　　　　　图 14-62

步骤 07 强化灰色文字的立体效果。选中灰色的文字图层，执行"图层 > 图层样式 > 内发光"命令，设置"混合模式"为"正常"，"不透明度"为 73%，"杂色"为 0%，"颜色"为淡黄色，"阻塞"为 0%，"大小"为 10 像素，"范围"为 50%，"抖动"为 0%，如图 14-63 所示。效果如图 14-64 所示。

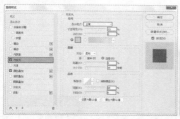

图 14-63　　　　　　　图 14-64

步骤 08 继续启用"图层样式"窗口左侧的"斜面和浮雕"图层样式，设置"样式"为"内斜面"，"方法"为"雕刻清晰"，"深度"为 43%，"方向"选中"上"单选按钮，"大小"为 13 像素，"软化"为 0 像素；在"阴影"面板中设置"角度"为 132 度，"高度"为 30 度，"高光模式"为"滤色"，"颜色"为白色，"不透明度"为 50%，"阴影模式"为"正片叠底"，"颜色"为棕色，"不透明度"为 100%，设置完成后单击"确定"按钮完成操作，如图 14-65 所示。增加变形字体的立体效果，如图 14-66 所示。

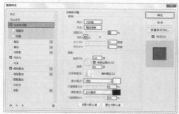

图 14-65　　　　　　　图 14-66

步骤 09 为文字添加金属材质。执行"文件 > 置入嵌入的对象"命令，将素材 1.jpg 置入画面中，调整大小使其将文字覆盖住。效果如图 14-67 所示。然后选择该素材图层，右击，在弹出的快捷菜单中执行"创建剪贴蒙版"命令创建剪贴蒙版，将不需要的部分隐藏。效果如图 14-68 所示。

图 14-67　　　　　　　图 14-68

步骤 10 为文字制作金属质感。选择该素材图层，执行"滤镜 > 杂色 > 增加杂色"命令，在弹出的"添加杂色"窗口中设置"数量"为 16.32%，设置完成后单击"确定"按钮完成操作，如图 14-69 所示。效果如图 14-70 所示。

图 14-69　　　　　　　图 14-70

步骤 11 进一步丰富文字的金属质感。置入素材 2.jpg，调整大小放在画面中并将素材图层栅格化，如图 14-71 所示。接着选择素材图层，右击，在弹出的快捷菜单中执行"创建剪贴蒙版"命令，文字效果如图 14-72 所示。

图 14-71　　　　　　　图 14-72

步骤 12 设置该图层的"混合模式"为"叠加"，如图 14-73 所示。文字效果如图 14-74 所示。

图 14-73　　　　　　　图 14-74

步骤 13 为文字制作光泽效果。在"图层"面板上方位置新建一个图层，单击工具箱中的"矩形选框工具"按钮，然后在画面中绘制一个矩形选区，如图 14-75 所示。

图 14-75

步骤 14 在当前选区状态下设置"前景色"为白色，单击工具箱中的"渐变工具"按钮，在选项栏中设置"渐变"为"从前景色到透明渐变"，如图 14-76 所示。然后单击"线性渐变"按钮，设置完成后在选区内填充渐变，如图 14-77 所示。接着使用组合键 Ctrl+D 取消选区。

图 14-76　　　　　　　　　图 14-77

步骤 15 选择白色渐变图层，使用自由变换组合键 Ctrl+T 调出定界框，将光标放在定界框外进行旋转，如图 14-78 所示。操作完成后按 Enter 键完成操作。

图 14-78

步骤 16 选择该图层，右击，在弹出的快捷菜单中执行"创建剪贴蒙版"命令创建剪贴蒙版，将不需要的部分隐藏，如图 14-79 所示。然后使用组合键 Ctrl+J 复制两份并将其移到合适的位置。让文字的光泽效果更加丰富。效果如图 14-80 所示。此时"极速"两个字的金属效果制作完成。

图 14-79　　　　　　　　图 14-80

步骤 17 使用同样的方式制作第二组文字的金属质感。效果如图 14-81 所示。

图 14-81

Part 3　制作副标题

步骤 01 单击工具箱中的"横排文字工具"按钮，在选项栏中设置合适的"字体""字号"和"颜色"，设置完成后在主体文字下方位置单击输入文字，如图 14-82 所示。

图 14-82

步骤 02 单击工具箱中的"直线工具"按钮，在选项栏中设置"绘制模式"为"形状"，"填充"为橘色，"描边"为无，"粗细"为 3 像素，设置完成后在输入的文字中间位置按住 Shift 键的同时按住鼠标左键绘制一条水平直线，如图 14-83 所示。接着选择该直线图层将其复制一份，然后将复制得到的直线向下移动。效果如图 14-84 所示。按住 Ctrl 键依次加选各个图层，使用组合键 Ctrl+G 将其编组。

图 14-83

图 14-84

步骤 03 为该文字制作渐变的颜色效果。选择编组图层组，执行"图层 > 图层样式 > 渐变叠加"命令，在弹出的"图层样式"窗口中设置"混合模式"为"正片叠底"，"不透明度"为 100%，"渐变"为金属系渐变，"样式"为"线性"，"角度"为 141 度，"缩放"为 10%，如图 14-85 所示。效果如图 14-86 所示。

图 14-85   图 14-86

步骤 04 继续启用"图层样式"中的"投影"图层样式，设置"混合模式"为"正片叠底"，"颜色"为黑色，"不透明度"为 100%，"角度"为 132 度，"距离"为 4 像素，"扩展"为 0%，"大小"为 2 像素，"杂色"为 0%，设置完成后单击"确定"按钮完成操作，如图 14-87 所示。效果如图 14-88 所示。

图 14-87   图 14-88

步骤 05 置入车轮素材 3.png，调整大小放在橘色文字左边位置，如图 14-89 所示。

图 14-89

Part 4 制作标志背景

步骤 01 将主体文字的外围轮廓绘制出来，制作文字背景。在主体文字图层下方位置新建一个图层，然后单击

工具箱中的"多边形套索工具"按钮，在画面中绘制选区，如图 14-90 所示。接着设置"前景色"为深灰色，设置完成后使用组合键 Alt+Delete 进行前景色填充，如图 14-91 所示。然后使用组合键 Ctrl+D 取消选区。

图 14-90   图 14-91

步骤 02 为该背景添加图层样式。选择该背景图层，执行"图层 > 图层样式 > 投影"命令，在弹出的"图层样式"窗口中设置"混合模式"为"正片叠底"，"颜色"为黑色，"不透明度"为 63%，"角度"为 132 度，"距离"为 26像素，"扩展"为 0%，"大小"为 29 像素，"杂色"为 0%，如图 14-92 所示。

步骤 03 启用"图层样式"左侧的"外发光"图层样式，设置"混合模式"为"滤色"，"不透明度"为 82%，"杂色"为 0%，"颜色"为白色，"扩展"为 0%，"大小"为 40像素，"范围"为 50%，"抖动"为 0%，设置完成后单击"确定"按钮完成操作，如图 14-93 所示。

图 14-92   图 14-93

步骤 04 启用"图层样式"左侧的"内发光"图层样式，设置"混合模式"为"正常"，"不透明度"为 73%，"杂色"为 0%，"颜色"为粉色，"方法"为"柔和"，"阻塞"为 26%，"大小"为 35 像素，"范围"为 50%，"抖动"为 0%，如图 14-94 所示。

步骤 05 启用"图层样式"左侧的"描边"图层样式，设置"大小"为 29 像素，"位置"为"居中"，"混合模式"为"线性加深"，"不透明度"为 100%，"填充类型"为"图案"，选择合适的图案，"缩放"为 100%，如图 14-95 所示。

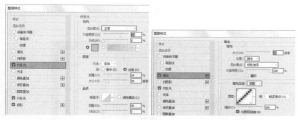

图 14-94　　　　　　　图 14-95

图 14-100

步骤 06 继续启用"图层样式"左侧的"斜面和浮雕"图层样式,设置"样式"为"描边浮雕","方法"为"平滑","深度"为657%,"方向"选中"上"单选按钮,"大小"为4像素,"软化"为0像素;在"阴影"面板中设置"角度"为132度,"高度"为30度,设置合适的等高线,"高光模式"为"滤色","颜色"为白色,"不透明度"为50%,"阴影模式"为"正片叠底","颜色"为黑色,"不透明度"为50%,设置完成后单击"确定"按钮完成操作,如图 14-96 所示。效果如图 14-97 所示。

步骤 09 制作文字上方的不同光效效果。首先制作第一种光效,置入素材 5.png,调整大小,放在画面文字上方位置并将图层栅格化,如图 14-101 所示。接着选择光效图层,设置"混合模式"为"滤色",如图 14-102 所示。此时光效效果如图 14-103 所示。

图 14-96　　　　　　　图 14-97

图 14-101　　　图 14-102　　　图 14-103

步骤 07 为文字背景增加墙面的质感。置入素材 4.jpg,调整大小,放在文字背景上方位置并将图层栅格化,如图 14-98 所示。然后选择素材图层,右击,在弹出的快捷菜单中执行"创建剪贴蒙版"命令创建剪贴蒙版,将不需要的部分隐藏。效果如图 14-99 所示。

步骤 10 选择该素材图层,使用组合键 Ctrl+J 将其复制几份,分别放在文字的不同位置。效果如图 14-104 所示。

图 14-104

图 14-98　　　　　　　图 14-99

步骤 11 使用同样的方法置入素材 6.png,设置"混合模式"为"滤色",摆放在文字上,如图 14-105 所示。同样置入素材 7.png,并设置"混合模式"为"滤色"。效果如图 14-106 所示。

步骤 08 制作主体文字在背景上的立体投影效果。在素材 4 图层上方新建一个图层,单击工具箱中的"画笔工具"按钮,在选项栏中设置大小合适的柔边圆画笔,设置"前景色"为深灰色,设置完成后在文字位置进行涂抹,制作立体的遮挡阴影效果,如图 14-100 所示。此时文字的背景制作完成。

图 14-105　　　　　　　图 14-106

步骤 12 制作主体文字在底部的投影效果。在背景图层上方新建一个图层，然后使用大小合适的较低不透明度的柔边圆画笔，设置"前景色"为灰色，设置完成后在画面底部位置进行涂抹，如图 14-107 所示。

图 14-107

步骤 13 选择制作的阴影图层，使用自由变换组合键 Ctrl+T 调出定界框，右击，在弹出的快捷菜单中执行"变形"命令，对阴影进行适当的变形，如图 14-108 所示。

操作完成后按 Enter 键完成操作。此时具有金属质感的标志制作完成。效果如图 14-109 所示。

图 14-108

图 14-109

Chapter 15
第15章

版式设计

本章内容简介

版式设计是指根据版面的主题诉求与视觉需求，运用设计原理与设计原则，在有限的版面空间内将图形、文字以及色彩等相关视觉元素进行有计划的编排，使版面能够正确传达信息的同时兼具艺术性与实用性。一个好的版式设计不仅要细节丰富、内容饱满，更要注重布局与内容的关系，以及布局的合理性。

优秀作品欣赏

15.1 认识版式设计

版式设计是指根据版面的主题诉求与视觉需求，运用设计原理与设计原则，在有限的版面空间内将图形、文字以及色彩等相关视觉元素进行有计划的编排，使版面能够正确传达信息的同时兼具艺术性与实用性。版面的编排与视觉元素存在相辅相成的关系，版面内容始终服务于版面主题，合理的版面应起到完善主题、强化主题的作用。

版式设计存在于各个设计领域中，可以将版面理解为一个"平面"，而版式的设计就是针对于某一个平面上元素的布置编排。所以不仅仅是海报设计、书籍设计、网页设计、界面设计、视觉形象设计等平面化的设计类型需要进行版式设计，立体化的包装设计也需要对产品的每个面进行设计，甚至是动态的广告作品也可以将每个镜头的画面看作一个版面并思考其构图和版面的编排。

15.1.1 版面中的点、线、面

点动成线，线动成面，面动成体。在版式设计中，空间中某一点的位置就是"点"，无数个点首尾相连即形成线，无数条线在同一个平面内相交即形成面。点、线、面是版面的重要视觉语言，是视觉空间构成的基本元素。无论版面中的内容形式有多复杂，都可以简化为点、线、面这三类元素，也就是说，任何版面都是由点、线、面组合而成的。

在版式设计中，"点"不仅是指圆点，在版面中任何细小的图形、文字等视觉元素都可称为"点"。"点"具有较强的自由性，通常没有固定的位置，可以进行随意自由的编排设计。在设计过程中，可以充分利用"点"的这一特性，活跃版面气氛，使版面产生不同的视觉效果，如图 15-1 ～图 15-3 所示。

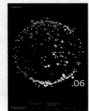 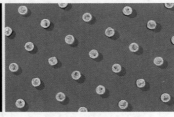 

图 15-1　　　　　　　　图 15-2　　　　　　　　图 15-3

"线"是"点"的延伸。"线"的形式有很多种，虚线、实线、粗线、细线、曲线、直线等，除此之外，连续排列的元素也可以形成"线"。线由于其具有了长度，所以也就具有了方向性和延伸性，在版面中可以起到分割版面空间、引领视觉走向，甚至可以营造空间感的作用，如图 15-4 ～图 15-6 所示。

图 15-4　　　　　　　　图 15-5　　　　　　　　图 15-6

"线"动成"面"。在版式中，"面"的面积通常较大，画面背景、留白、色块，甚至被放大的图形、图像或文字都可以称为"面"。"面"会使画面产生强烈的分割感，不同形态的"面"，产生的效果也不相同。呈几何类外轮廓的"面"往往会产生沉稳、理性之感；而外轮廓不规则的"面"则较为灵活多变，如图 15-7 ～图 15-9 所示。

图 15-7　　　　　　　　图 15-8　　　　　　　　图 15-9

15.1.2　常见的版面布局方式

无论海报设计、书籍内页还是产品标签，版面的形态虽然各有不同，但是版面的布局方式却是具有一定规律性的。常见的版面布局方式有中心型、对称型、分割型、满版型、骨骼型、曲线型、倾斜型、放射型、三角型等。

中心型

中心型版面布局是通过在版面的视觉中心处放置想要突出表现的图像、图形、文字等元素，直观地吸引观者注意力。中心型版面具有突出主体、聚焦视线的作用，如图 15-10 ～图 15-12 所示。

图 15-10　　　　　　　图 15-11　　　　　　　　图 15-12

对称型

对称型版面可以分为上下对称或左右对称。与此同时，对称型版面还可分为绝对对称型与相对对称型两种。绝对对称型即上下、左右两侧是完全一致的，且其图形是完美的；而相对对称型即元素上下、左右两侧略有不同，但无论横版还是竖版，版面中都会有一条中轴线。为避免版面过于严谨，大多数版面设计采用相对对称型构图，如图 15-13 ～图 15-15 所示。

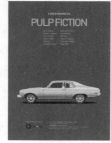

图 15-13　　　　　　　图 15-14　　　　　　　　图 15-15

分割型

分割型版面可分为上下分割、左右分割和黄金比例分割。上下分割即版面上下分为两部分或多部分，多以文字图片相结合，图片部分增强版面呼吸性，文字部分提升版面理性感，使版面形成既感性又理性的视觉美感；而左右分割通常运用色块进行分割设计，为保证版面平衡、稳定，可将文字图形相互穿插，不失美感的同时保持了重心平稳；黄金比例分割也称中外比，分割的两部分比值为 0.618：1，是最容易使版面产生美感的比例，也是最常见的使用比例，如图 15-16 ～图 15-18 所示。

图 15-16   图 15-17   图 15-18

满版型

满版型构图版面即以主题图像填充整个版面，且文字可放置在版面各个位置。满版型版面主要以图片来传达主题信息，以最直观的表达方式，向众人展示其主题思想，是商业类版面设计常用的构图方式，如图 15-19 ～图 15-21 所示。

图 15-19   图 15-20   图 15-21

骨骼型

骨骼型构图的基本原理是将版面刻意按照骨骼的规则，有序地分割成大小相等的空间单位。骨骼型可分为竖向通栏、双栏、三栏、四栏等，而大多数版面都应用竖向分栏。对于版面文字与图片的编排上，严格地按照骨骼分割比例进行编排，可以给人以严谨、和谐、理性、智能的视觉感受，常用于书籍、杂志正文以及网页的排版中，如图 15-22 ～图 15-24 所示。

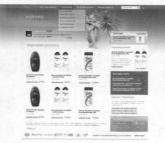

图 15-22   图 15-23   图 15-24

曲线型

在版式设计中通过对线条、色彩、形体、方向等视觉元素的变形与设计，将版面按照曲线的方式分割或编排构成，使观者产生按照曲线走向流动的视觉路径。曲线型版面设计具有流动、活跃、顺畅、轻快的视觉特征，如图 15-25 ～图 15-27 所示。

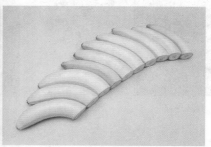

图 15-25   图 15-26   图 15-27

倾斜型

倾斜型构图的版面是指将图像、文字等视觉元素按照斜向的视觉流程进行编排设计。这种构图方式往往会产生强烈的动感和不安定感，如图 15–28 ～图 15–30 所示。

　图 15–28　　　　　　　　　图 15–29　　　　　　　　　图 15–30

放射型

放射型构图的版面是将视觉元素从版面中某点向外散射排列，营造出较强的空间感。放射型构图有着由外而内的聚集感与由内而外的散发感，可以使版面视觉中心具有较强的突出感，如图 15–31 ～图 15–33 所示。

　图 15–31　　　图 15–32　　　　　图 15–33

三角型

三角型构图即将主要视觉元素放置在版面中某三个重要位置，使其在视觉特征上形成三角形。三角型构图还可分为正三角、倒三角和斜三角三种构图方式。正三角型构图的版面可使版面稳定感、安全感十足；而倒三角型与斜三角型的版面则可使版面形成不稳定因素，给人以充满动感的视觉感受，如图 15–34 ～图 15–36 所示。

　图 15–34　　　　　　　　　图 15–35　　　　　　　图 15–36

15.2　古籍风格版式

文件路径	资源包 \ 第 15 章 \ 古籍风格版式
难易指数	★★★★★
技术掌握	图层蒙版、混合模式、色彩平衡、直排文字工具

案例效果

案例效果如图 15–37 所示。

图 15–37

扫一扫，看视频

操作步骤

Part 1　制作版面背景

步骤 01 执行"文件 > 新建"命令，创建一个新文档。接着单击工具箱中的"矩形工具"按钮，在选项栏中设置"绘制模式"为"像素"，将"前景色"设置为棕色，在画面中按住鼠标左键并拖动，绘制一个比背景稍小一些的矩形，如图 15-38 所示。然后执行"文件 > 置入嵌入的对象"命令，将素材 1.jpg 置入文档内，如图 15-39 所示。并将该图层进行栅格化处理。

图 15-38　　　　　　　　　图 15-39

步骤 02 此时置入的素材边缘有多余的部分，需要将其隐藏。选择素材图层，执行"创建剪贴蒙版"命令创建剪贴蒙版，将不需要的部分隐藏。然后设置"混合模式"为"叠加"，如图 15-40 所示。此时画面效果如图 15-41 所示。

图 15-40　　　　　　　　　图 15-41

步骤 03 执行"文件 > 置入嵌入的对象"命令，将素材 1.jpg 置入文档内，如图 15-42 所示。并将素材进行栅格化处理。此时置入的素材周围有多余出来的部分，需要将其隐藏。选择素材图层，单击工具箱中的"矩形选框工具"按钮，在风景素材上方绘制选区，如图 15-43 所示。

图 15-42　　　　　　　　　图 15-43

步骤 04 在当前选区状态下，单击"图层"面板底部的"添加图层蒙版"按钮，为该图层添加图层蒙版，将不需要的部分隐藏，如图 15-44 所示。效果如图 15-45 所示。

图 15-44　　　　　　　　　图 15-45

步骤 05 对画面的整体颜色进行调整。执行"图层 > 新建调整图层 > 色彩平衡"命令，在"属性"面板中设置"色调"为"中间调"，"青色 – 红色"为 +30，"洋红 – 绿色"为 0，"黄色 – 蓝色"为 –15，然后单击"属性"面板底部"此调整剪切到此图层"按钮，如图 15-46 所示。效果如图 15-47 所示。

图 15-46　　　　　　　　　图 15-47

Part 2　制作主体文字

步骤 01 单击工具箱中的"直排文字工具" IT 按钮，在选项栏中设置"对齐方式"为"顶对齐文本"，然后单击"切换字符和段落面板"按钮，在弹出的"字符"面板中设置合适的"字体"和"字号"，"字间间距"为 24，文字"颜色"为白色，如图 15-48 所示。设置完成后在画面的右上方单击输入文字，如图 15-49 所示。文字输入完成后按 Ctrl+Enter 组合键完成操作。

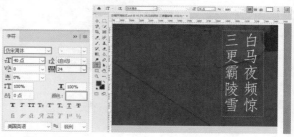

图 15-48　　　　　　　　　图 15-49

步骤 02 继续使用"直排文字工具"，在"字符"面板中设置合适的"字体""字号"和"颜色","字符间距"为 24，如图 15-50 所示。设置完成后在文字的左侧单击输入英文，效果如图 15-51 所示。

图 15-50   图 15-51

步骤 03 使用同样的方式单击输入其他点文字。效果如图 15-52 所示。

图 15-52

步骤 04 在画面中添加段落文字。继续使用"直排文字工具"，在画面中按住鼠标左键拖动绘制出文本框，如图 15-53 所示。在"字符"面板中设置合适的字体、字号和颜色，"字符间距"为 24，如图 15-54 所示。然后执行"窗口>段落"命令，打开"段落"面板，在"段落"面板中设置段落的"对齐方式"为"顶对齐文本"，如图 15-55 所示。

图 15-53

图 15-54   图 15-55

步骤 05 设置完成后，在文本框中输入段落文字，如图 15-56 所示。文字输入完成后按 Ctrl+Enter 组合键完成操作。然后输入其他的段落文字，效果如图 15-57 所示。按住 Ctrl 键依次加选各个文字图层，使用组合键 Ctrl+G 将其编组并命名为"文字"。

图 15-56   图 15-57

Part 3 制作分割线

步骤 01 制作文字中间的分割线。新建一个图层，单击工具箱中的"矩形选框工具"按钮，在适当的位置按住鼠标左键并拖动鼠标，画出选区，如图 15-58 所示。然后将"前景色"设置为白色，接着使用前景色填充组合键 Alt+Delete 为选区添加白色，操作完成后使用组合键 Ctrl+D 取消选区。效果如图 15-59 所示。

图 15-58   图 15-59

步骤 02 使用移动工具，按住 Alt+Shift 键向右进行水平移动复制，得到其他分割线，效果如图 15-60 所示。

图 15-60

步骤 03 继续新建图层，使用"矩形选框工具"，在分割线的上方按住 Shift 键的同时按住鼠标左键拖动绘制一个正方形选区，如图 15-61 所示。然后设置"前景色"为白色，使用前景色填充组合键 Alt+Delete 将正方形的选区填充为白色。效果如图 15-62 所示。

图 15-61　　　　　　图 15-62

步骤 04 在当前矩形选区绘制状态下，继续制作其他的白色正方形。操作完成后使用组合键 Ctrl+D 取消选区。效果如图 15-63 所示。此时本案例制作完成，最终效果如图 15-64 所示。

图 15-63　　　　　　图 15-64

15.3　拼贴风格版面

文件路径	资源包 \ 第 15 章 \ 拼贴风格版面
难易指数	★★★★★
技术掌握	混合模式、矩形工具、图层样式、横排文字工具

扫一扫，看视频

案例效果

案例效果如图 15-65 所示。

图 15-65

操作步骤

Part 1　制作版面背景

步骤 01 执行"文件 > 新建"命令，新建一个大小合适的空白文档，如图 15-66 所示。接着执行"文件 > 置入嵌入的对象"命令，将背景素材 1.jpg 置入画面中，使其充满整个画面并将其进行图层栅格化处理，如图 15-67 所示。

图 15-66　　　　　　图 15-67

步骤 02 选择工具箱中的"矩形工具"，在选项栏中设置"绘制模式"为"形状"，"填充"为黄色，"描边"为无，设置完成后在画面上方位置绘制一个和背景等长的矩形，如图 15-68 所示。

图 15-68

步骤 03 选择黄色矩形图层，设置"混合模式"为"正片叠底"，"不透明度"为 40%，如图 15-69 所示。效果如图 15-70 所示。

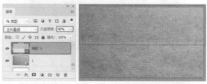

图 15-69　　　　　　图 15-70

Part 2　制作版面左侧内容

步骤 01 使用同样的方式在黄色矩形下方绘制一个深蓝色矩形，并设置"混合模式"为"正片叠底"，"不透明度"

为75%，效果如图 15-71 所示。然后继续使用"矩形工具"，在画面左侧绘制小的白色矩形。效果如图 15-72 所示。

图 15-71　　　　图 15-72

步骤 02 单击工具箱中的"横排文字工具"按钮，在选项栏中设置合适的"字体""字号"和"颜色"，设置完成后在白色矩形上方单击输入文字。文字输入完成后按 Ctrl+Enter 组合键完成操作，如图 15-73 所示。

图 15-73

步骤 03 选择文字图层，执行"窗口 > 字符"命令，在弹出的"字符"面板中设置"垂直缩放"为130%，"水平缩放"为150%，如图 15-74 所示。效果如图 15-75 所示。接着使用同样的方式在已有文字下方单击输入其他文字，效果如图 15-76 所示。

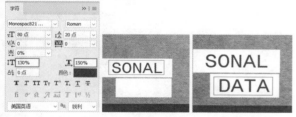

图 15-74　　　　图 15-75　　　　图 15-76

步骤 04 继续使用"横排文字工具"，在画面左下角的白色矩形上方单击输入稍小的文字，如图 15-77 所示。

图 15-77

步骤 05 选择该文字图层，在"字符"面板中设置"垂直缩放"为130%，单击"仿粗体"按钮将文字进行加粗设置；单击"全部大写字母"按钮，将文字的字母全部设置置为大写，如图 15-78 所示。效果如图 15-79 所示。

图 15-78　　　　图 15-79

步骤 06 继续对该文字最左边的两个单词进行单独操作。在"文字工具"使用状态下，选中这两个英文单词，在控制栏中对该文字进行"字体""字号"和"颜色"的更改，如图 15-80 所示。操作完成后按 Ctrl+Enter 组合键完成操作。

图 15-80

步骤 07 在文字中间添加装饰性的物件。单击工具箱中的"多边形工具"按钮，在选项栏中设置"绘制模式"为"形状"，"填充"为白色，"描边"为无，单击"路径选项"按钮，在下拉菜单中勾选"星形"复选框，设置"缩进边依据"为50%，设置"边数"为30，设置完成后在画面中绘制一个星形，如图 15-81 所示。

图 15-81

步骤 08 选择该星形图层，执行"图层 > 图层样式 > 投影"命令，在弹出的"图层样式"窗口中设置"混合模式"为"正片叠底"，"颜色"为黑色，"不透明度"为75%，"角度"为 120 度，"距离"为 7 像素，"扩展"为 1%，"大小"为 7 像素，设置完成后单击"确定"按钮完成操作，如图 15-82 所示。效果如图 15-83 所示。

图 15-82　　　　　　　图 15-83

步骤 09 在星形上方添加文字。单击工具箱中的"横排文字工具"，在选项栏中设置合适的"字体""字号"和"颜色"，单击"居中对齐文本"按钮，设置完成后在星形上方单击输入文字 viwe demo，如图 15-84 所示。然后在"字符"面板中设置"行距"为 45，"垂直缩放"为150%，"水平缩放"为 200%，单击"全部大写字母"按钮，将全部字母设置为大写。效果如图 15-85 所示。

图 15-84　　　　　　　图 15-85

步骤 10 为该文字设置合适的图层样式。选择该文字图层，执行"图层 > 图层样式 > 描边"命令，在弹出的"图层样式"窗口中设置"大小"为 2 像素，"位置"为"外部"，"混合模式"为"正常"，"不透明度"为 100%，"颜色"为灰色，如图 15-86 所示。效果如图 15-87 所示。

图 15-86　　　　　　　图 15-87

步骤 11 继续启用"图层样式"左侧的"投影"图层样式，设置"混合模式"为"正片叠底"，"颜色"为黑色，"不透明度"为 53%，"角度"为 120 度，"距离"为 5 像素，"大小"为 5 像素，设置完成后单击"确定"按钮完成操作，如图 15-88 所示。效果如图 15-89 所示。

图 15-88　　　　　　　图 15-89

步骤 12 使用同样的方式在星形上方单击输入文字，如图 15-90 所示。然后在"字符"面板中设置"垂直缩放"为 150%，"水平缩放"为 200%，效果如图 15-91 所示。

图 15-90　　　　　　　图 15-91

步骤 13 选择该文字图层，执行"图层 > 图层样式 > 描边"命令，在弹出的"图层样式"窗口中设置"大小"为 4 像素，"位置"为"内部"，"混合模式"为"正常"，"不透明度"为 100%，"颜色"为白色，设置完成后单击"确定"按钮完成操作，如图 15-92 所示。效果如图 15-93 所示。

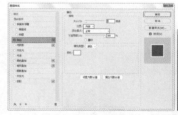

图 15-92　　　　　　　图 15-93

步骤 14 由于描边的颜色与文字填充颜色均为白色，所以添加的描边效果显示不出来。选择该文字图层，设置"填充"为 0%，将文字填充颜色的"不透明度"降到最低，如图 15-94 所示。此时添加的描边效果就显示出来了。效果如图 15-95 所示。

图 15-94　　　　　　　图 15-95

步骤 15 执行"文件 > 置入嵌入的对象"命令，将素材3.jpg 置入画面中。调整大小，放在画面中的左上角，并将图层进行栅格化处理，如图 15-96 所示。此时置入的素材带有白色背景，需要将背景抠除。选择该图层，单击工具箱中的"魔棒工具"按钮，在空白位置单击载入图形选区，如图 15-97 所示。

图 15-96　　　　　　图 15-97

步骤 16 在当前选区状态下，使用组合键 Ctrl+Shift+I 将选区反相，然后基于当前选区为该图层添加图层蒙版，将白色背景隐藏，并将该图层的"不透明度"设置为70%，如图 15-98 所示。效果如图 15-99 所示。

图 15-98　　　　　　图 15-99

步骤 17 单击工具箱中的"横排文字工具"按钮，在选项栏中设置合适的"字体""字号"和"颜色"，设置完成后在素材 3.jpg 下方位置单击输入文字，如图 15-100所示。然后在"字符"面板中设置"垂直缩放"为150%，"水平缩放"为 200%，单击"仿粗体"按钮将文字进行加粗设置，并设置"不透明度"为80%。

图 15-100

Part 3　制作版面右侧内容

步骤 01 执行"文件 > 置入嵌入的对象"命令，将猫头鹰素材 2.jpg 置入画面中。调整大小，将其摆放在画面中已有文字右侧位置，同时将该图层进行栅格化处理。效果如图 15-101 所示。

图 15-101

步骤 02 此时置入的素材下方有多余的部分，需要将其隐藏。单击工具箱中的"矩形选框工具"按钮，在猫头鹰素材下方位置绘制选区，如图 15-102 所示。接着使用组合键 Ctrl+Shift+I 将选区反选，如图 15-103 所示。

图 15-102　　　　　　图 15-103

步骤 03 在选区反选状态下，单击"图层"面板底部的"添加图层蒙版"按钮，为该图层添加图层蒙版，将素材底部不需要的部分隐藏，如图 15-104 所示。效果如图 15-105 所示。

图 15-104　　　　　　图 15-105

步骤 04 单击工具箱中的"矩形工具"按钮，在选项栏中设置"绘制模式"为"形状"，"填充"为白色，"描边"为无，设置完成后在猫头鹰素材的右边位置绘制矩形，如图 15-106 所示。

图 15-106

步骤 05 在绘制的白色矩形上方添加文字。单击工具箱中的"横排文字工具"按钮,在选项栏中设置合适的"字体""字号"和"颜色",设置完成后在白色矩形上方单击输入文字,如图 15-107 所示。然后在"字符"面板中设置"垂直缩放"为 130%,"水平缩放"为 110%。效果如图 15-108 所示。

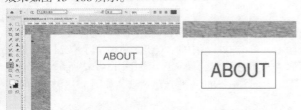

图 15-107　　　　　　图 15-108

步骤 06 继续使用"横排文字工具",在选项栏中设置合适的"字体""字号"和"颜色",设置完成后在白色矩形上方绘制文本框并在文本框中输入段落文字,如图 15-109 所示。文字输入完成后按 Ctrl+Enter 组合键完成操作。

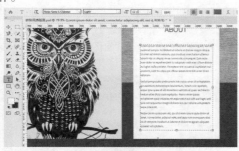

图 15-109

步骤 07 选择段落文字图层,执行"窗口 > 段落"命令,在弹出的"段落"面板中单击"最后一行左对齐"按钮,设置文本的对齐方式,如图 15-110 所示。效果如图 15-111 所示。

图 15-110　　　　　　图 15-111

步骤 08 在文字中间添加分割线。单击工具箱中的"钢笔工具"按钮,在选项栏中设置"绘制模式"为"形状","填充"为无,"描边"为深灰色,"描边宽度"为 2 点,设置"描边类型"为"虚线",设置完成后在文字中间位置按住 Shift 键的同时按住鼠标左键拖动绘制一条直线,如图 15-112 所示。此时本案例制作完成,效果如图 15-113 所示。

图 15-112　　　　　　图 15-113

15.4 书籍内页排版

文件路径	资源包 \ 第 15 章 \ 书籍内页排版
难易指数	★★★★★
技术掌握	横排文字工具、"字符"面板、"段落"面板

案例效果

案例效果如图 15-114 所示。

扫一扫,看视频

图 15-114

操作步骤

Part 1　制作左侧页面

步骤 01 制作左侧页面。执行"文件 > 新建"命令,创建一个大小合适的空白文档,如图 15-115 所示。执行"文件 > 置入嵌入对象"命令,在弹出的"置入嵌入的对象"窗口中选择素材 1.jpg,接着单击"置入"按钮将素材置入。然后将光标放在定界框外,按住 Shift 键的同时按住鼠标左键进行等比例缩小,如图 15-116 所示。操作完成后按 Enter 键完成操作。选择该素材图层,右击,在弹出的快捷菜单中执行"栅格化图层"命令,将图层进行栅格化处理。

图 15-115　　　　　　图 15-116

步骤 02 为画面增加一些细节。单击工具箱中的"矩形工具"按钮，在选项栏中设置"绘制模式"为"形状"，"填充"为橘色，"描边"为无，设置完成后在画面中间位置绘制矩形，如图 15-117 所示。然后使用同样的方式绘制其他矩形。效果如图 15-118 所示。

图 15-117

图 15-118

步骤 03 单击工具箱中的"钢笔工具"按钮，在选项栏中设置"绘制模式"为"形状"，"填充"为橘色，"描边"为无，设置完成后在画面左下角位置绘制形状，如图 15-119 所示。此时制作完成的三角形在画面中有些突兀，需要适当地降低不透明度。选择三角形图层，设置"不透明度"为80%，效果如图 15-120 所示。

图 15-119

图 15-120

步骤 04 在三角形上方添加文字。单击工具箱中的"横排文字工具"按钮，在选项栏中设置合适的"字体""字号"，"颜色"为白色，设置完成后在三角形左下角位置单击输入文字，如图 15-121 所示。文字输入完成后按Ctrl+Enter 组合键完成操作。

图 15-121

步骤 05 选择该文字图层，设置"不透明度"为50%，如图 15-122 所示。效果如图 15-123 所示。

图 15-122

图 15-123

步骤 06 继续使用"横排文字工具"，使用同样的方式在已有文字左下角位置单击输入页码文字，如图 15-124 所示。然后在"字符"面板中设置"字符间距"为 -100，如图 15-125 所示。效果如图 15-126 所示。

图 15-124

图 15-125　　　　　　图 15-126

步骤 07 按住 Ctrl 键依次加选各个图层，使用组合键 Ctrl+G 将其编组，命名为"左页"，如图 15-127 所示。

图 15-127

Part 2　制作右侧页面

步骤 01 制作右侧页面。单击工具箱中的"矩形工具"按钮，在选项栏中设置"绘制模式"为"形状"，"填充"为浅灰色系渐变，"描边"为无，设置完成后在画面右边位置绘制一个渐变矩形，如图 15-128 所示。

图 15-128

步骤 02 在渐变矩形上方输入段落文字，为了让文字整体排版整齐有序，需要在画面中用标尺和参考线规划出段落文字摆放的区域。使用组合键 Ctrl+R 调出标尺线，然后在标尺上按住鼠标左键向画面中拖动，创建出多条参考线，如图 15-129 所示。制作标题文字。选择工具箱中的"横排文字工具"，在选项栏中设置合适的"字体""字号"和"颜色"，设置完成后在渐变矩形上方位置单击输入文字，如图 15-130 所示。文字输入完成后

按 Ctrl+Enter 组合键完成操作。

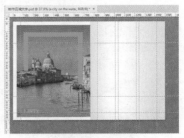

图 15-129

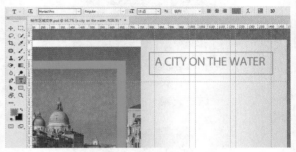

图 15-130

步骤 03 将该文字设置不同的颜色。在文字输入状态下，选择后面几个英文单词，在选项栏中设置"颜色"为浅灰色，如图 15-131 所示。效果如图 15-132 所示。

图 15-131

图 15-132

步骤 04 继续使用"横排文字工具"，使用同样的方式在该文字下方位置单击输入文字，效果如图 15-133 所示。接下来制作段落文字。继续使用"横排文字工具"，在选项栏中设置合适的"字体""字号"和"颜色"。接着在标尺线规划好的区域按住鼠标左键绘制文本框，然后在文本框中输入文字，如图 15-134 所示。操作完成后按 Ctrl+Enter 组合键完成操作。

图 15-133

图 15-134

步骤 05 选择该段落文字，执行"窗口 > 段落"命令，在弹出的"段落"面板中单击"最后一行左对齐"按钮，设置文本的对齐方式，如图 15-135 所示。效果如图 15-136 所示。

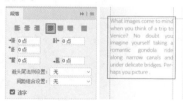

图 15-135　　　　图 15-136

步骤 06 使用同样的方式在画面中输入其他段落文字设置相应的对齐方式。效果如图 15-137 所示。接下来制作排列在不规则范围内的区域文字。单击工具箱中的"钢笔工具"按钮，在选项栏中设置"绘制模式"为"路径"，设置完成后在橘色文字右边绘制路径，如图 15-138 所示。

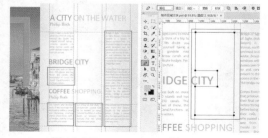

图 15-137　　　　图 15-138

步骤 07 在当前路径状态下，将光标放在路径内部（注意不要将光标放在路径边缘，否则输入的文字会变为路径文字），单击输入大段文字，并设置相应的文本对齐方式。效果如图 15-139 所示。继续使用"横排文字工具"，制作右下角页码。效果如图 15-140 所示。

图 15-139

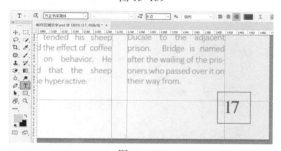

图 15-140

步骤 08 按住 Ctrl 键依次加选各个图层，使用组合键 Ctrl+G 将其编组，命名为"右页"。此时右页的区域文字制作完成，效果如图 15-141 所示。

图 15-141

Chapter
16
第16章

广告设计

本章内容简介

　　"广告"是一种用于传播信息的广告媒介形式，广告扮演的是推销员的角色，通过画面视觉效果向消费者推销产品，同时，广告在很大程度上也代表了企业的形象。可以说，广告是提升产品竞争力的重要工具，同时优秀的广告设计作品也是极具审美价值和艺术价值的。

优秀作品欣赏

16.1　广告设计概述

"广告"是一种用于传播信息的广告媒介形式，它扮演的是推销员的角色，通过画面视觉效果向消费者推销产品，同时，广告在很大程度上也代表了企业的形象。可以说，广告是提升产品竞争力的重要工具，同时优秀的广告设计作品也是极具审美价值和艺术价值的。

16.1.1　认识广告

广告，顾名思义，广而告之。广告是用来宣传企业形象、兜售企业产品及服务和传播某种信息。从广告的组成来看，广告设计是通过图像、文字、色彩、版面、图形等元素进行平面艺术创意而实现广告目的和意图的一种设计活动和过程。随着科技的发展，广告已经融入人们的生活中，在商业社会中随时随地可以看到各种不同形式、不同风格的广告。常见的广告展示形式有平面广告、户外广告、影视广告等。

平面广告

平面广告主要是以一种静态的形态呈现，多附着于纸张之上，虽然承载的信息有限，但具有较强的随意性，可进行大批量的生产以及传播。常见的平面广告包含报纸杂志广告、DM 单广告、POP 广告、企业宣传册广告、招贴广告、书籍广告等类型，如图 16-1 ～图 16-3 所示。

图 16-1　　　　图 16-2　　　　图 16-3

户外广告

户外广告主要投放于人流量较大的户外场所，具有视觉效果强烈、影响力大的特点。常见的户外广告有灯箱广告、霓虹灯广告、单立柱广告、车身广告、场地广告、路牌广告等类型，如图 16-4 和图 16-5 所示。

图 16-4　　　　　图 16-5

影视广告

影视广告是一种以叙事来宣传广告的形式，常见于电视、网络等可承载视频播放的媒介。其吸收了各种形式特点，如音乐、电影、文学艺术等，使得作品更富感染力和号召力，如图 16-6 和图 16-7 所示。

图 16-6　　　　　　　　图 16-7

16.1.2　广告的常见类型

广告的类型各种多样。随着社会的进步，广告的分类也越来越细化。针对不同行业、不同目的可以将广告大致分为五类，分别是商业广告、文化广告、电影广告、公益广告和艺术广告。

商业广告

商业广告主要是用来宣传商品或商品服务的商业性广告。商业广告的设计，要恰当地配合产品的格调和受众对象，如图 16-8 所示。

文化广告

用来宣传文化、社会文化娱乐活动的广告即是文化广告。文化广告的参与性比较强，设计师需要了解宣传意图，才能够运用恰当的方法表现其内容和风格，如图 16-9 所示。

电影广告

电影广告主要用来宣传电影、吸引观众、刺激票房。在电影广告中，通常会公布电影的名称、时间、地点、演员和内容。并配上与电影内容相关的画面，还会将电影的主演加入进来，以扩大宣传力度，如图 16-10 所示。

公益广告

公益广告是从社会公益的角度出发，传递一种社会正能量，这类广告通常不以盈利为目的。公益广告通常带有一定的思想性，例如，环保、反腐倡廉、奉献爱心、保护动物、反对暴力等，如图 16-11 所示。

艺术广告

艺术广告主要是满足人类精神层次的需要，强调教育、欣赏、纪念，用于精神文化生活的宣传，包括文学艺术、科学技术、广播电视等广告，如图 16-12 所示。

图 16-8　　　　　　图 16-9

图 16-10　　　　图 16-11　　　　图 16-12

16.1.3　广告设计的基本原则

广告设计需要调动形象、色彩、构图、文字、形式感等多方面因素形成强烈的视觉效果，要制作出具有感染力的广告设计作品可以遵循以下三个原则。如图 16-13 ～图 16-15 所示为优秀的广告设计作品。

图 16-13　　　　图 16-14　　　　图 16-15

（1）简洁明确。广告是瞬间艺术，需要在一瞬间，一定距离之外将其看清楚。在设计时，需要去繁就简，简洁明确，这样才能突出重点。

（2）紧扣主题。只有清晰、明确地表达出广告的主题，这幅广告才有存在的意义。在广告设计时，应从广告的主题出发，明确主题思想，才能创作出紧扣主题的作品。

（3）艺术创意。艺术创意是广告设计中的一种重要表达手段，是将一种再平常不过的事物以其他人想象不到的方法表达出来。好的广告创意，可以引发人的深思，为人留下深刻的印象，像一壶陈年佳酿，回味绵长。

16.2　古风房地产海报

文件路径	资源包 \ 第 16 章 \ 古风房地产海报
难易指数	★★★★★
技术掌握	画笔工具、横排文字工具、阴影 / 高光、色彩平衡、曲线

案例效果

案例效果如图 16-16 所示。

扫一扫，看视频

图 16-16

操作步骤

Part 1　制作海报背景

步骤 01 执行"文件 > 新建"命令，创建一个大小合适的空白文档，如图 16-17 所示。单击工具箱底部的"前景色"按钮，在弹出的"拾色器"窗口中设置"颜色"为土黄色，然后使用组合键 Alt+Delete 进行前景色填充，效果如图 16-18 所示。

图 16-17　　　　　　　　图 16-18

步骤 02 在画面中制作具有古风气息的背景。执行"文件 > 置入嵌入的对象"命令，将素材 1.png 置入画面中。调整大小并将其进行适当的旋转放在画面的右边位置。然后右击，在弹出的快捷菜单中执行"栅格化图层"命令，将该图层进行栅格化处理，如图 16-19 所示。

图 16-19

步骤 03 选择该素材图层，设置"混合模式"为"明度"，"不透明度"为 40%，如图 16-20 所示。效果如图 16-21 所示。

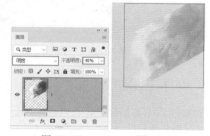

图 16-20　　　　　图 16-21

步骤 04 此时置入的素材边缘有多余的部分，需要将其进行适当的隐藏。选择该图层，单击"图层"面板底部的"添加图层蒙版"按钮，为该图层添加图层蒙版。然后单击工具箱中的"画笔工具"按钮，在选项栏中设置大小合适的柔边圆画笔，设置"前景色"为黑色，设置完成后在素材位置进行涂抹将其隐藏，如图 16-22 所示。效果如图 16-23 所示。

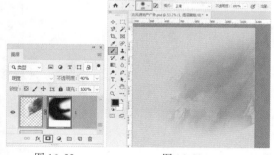

图 16-22　　　　　图 16-23

步骤 05 复制素材 1.png 图层，调整图层蒙版显示部分，设置"不透明度"为 80%，如图 16-24 所示。效果如图 16-25 所示。

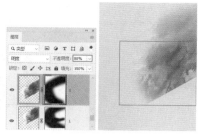

图 16-24　　　　　图 16-25

步骤 06 再次复制素材 1.png 图层，调整图层蒙版显示部分，设置"不透明度"为 100%，如图 16-26 所示。效果如图 16-27 所示。

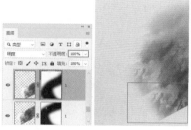

图 16-26　　　　　图 16-27

步骤 07 再次复制素材 1.png 图层，调整图层蒙版显示部分，将其放在画面的左下角，设置"不透明度"为 50%，如图 16-28 所示。效果如图 16-29 所示。此时具有古风韵味的背景制作完成。

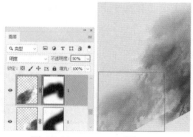

图 16-28　　　　　图 16-29

Part 2　制作主体文字

步骤 01 在画面中添加文字。单击工具箱中的"横排文字工具"按钮，在选项栏中设置合适的"字体""字号"和"颜色"，设置完成后在画面的左上角单击输入文字，如图 16-30 所示。文字输入完成后按 Ctrl+Enter 组合键完成操作。然后在"图层"面板中设置"不透明度"为65%。效果如图 16-31 所示。

图 16-30　　　　　　　图 16-31

步骤 02 使用同样的方式在已有文字下方位置单击输入文字，并设置字的"不透明度"均为50%。效果如图 16-32 所示。此时需注意，输入的三个文字分别在单独的图层，如图 16-33 所示。

图 16-32　　　　　　　图 16-33

步骤 03 单击工具箱中的"横排文字工具"按钮，在选项栏中设置合适的"字体""字号"和"颜色"，设置完成后在建筑物的上方单击输入文字，如图 16-34 所示。文字输入完成后按 Ctrl+Enter 组合键完成操作。然后使用同样的方式在已有文字下方继续单击输入文字。效果如图 16-35 所示。

图 16-34　　　　　　　图 16-35

步骤 04 继续使用"横排文字工具"，在已有文字下方按住鼠标左键绘制文本框，然后在文本框中输入段落文字，如图 16-36 所示。文字输入完成后按下 Ctrl+Enter 组合键完成操作。

图 16-36

步骤 05 单击工具箱中的"自定形状工具"按钮，在选项栏中设置"绘制模式"为"形状"，"填充"为红色，"描边"为无，在"形状"下拉菜单中选择一种合适的图案，设置完成后在文字左边位置按住鼠标左键拖动绘制形状，如图 16-37 所示。然后按住 Ctrl 键依次加选各个文字图层和该形状图层，使用组合键 Ctrl+G 将其编组。

图 16-37

Part 3　制作主图部分

步骤 01 将画面右下角的颜色加深。新建一个图层，然后单击工具箱中的"画笔工具"按钮，在选项栏中设置大小合适的柔边圆画笔，设置"前景色"为棕色，设置完成后在画面的右下角位置进行涂抹加深颜色，如图 16-38 所示。

步骤 02 将建筑素材 2.jpg 置入画面中。调整大小放在画面右下角用画笔绘制的图形上方，并将该图层进行栅格化处理，如图 16-39 所示。

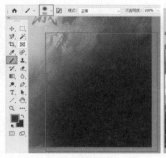

图 16-38　　　　　　　图 16-39

步骤 03 此时置入的素材带有背景，需要将建筑从背景中抠出。选择素材图层，单击工具箱中的"快速选择工具"按钮，在选项栏中单击"添加到选区"按钮，设置大小合适的笔尖，设置完成后将光标放在建筑物上方，按住鼠标左键拖动绘制出选区，如图 16-40 所示。

图 16-40

图 16-45

图 16-46

步骤 04 在当前选区状态下,单击"图层"面板底部的"添加图层蒙版"按钮,为该图层添加图层蒙版,将素材中的背景隐藏,如图 16-41 所示。效果如图 16-42 所示。

图 16-41　　　　　　图 16-42

步骤 05 此时建筑的颜色偏暗,需要对其高光与阴影进行调整。选择该素材图层,执行"图像 > 调整 > 阴影 / 高光"命令,在弹出的"阴影 / 高光"窗口中设置"阴影"的数量为 15%,设置完成后单击"确定"按钮完成操作,如图 16-43 所示。效果如图 16-44 所示。

图 16-43　　　　　　图 16-44

步骤 06 对建筑的颜色进行调整。执行"图层 > 新建调整图层 > 色彩平衡"命令,在"属性"面板中设置"色调"为"中间调","青色 - 红色"为 +47,"洋红 - 绿色"为 0,"黄色 - 蓝色"为 -28,设置完成后单击面板底部的"此调整剪切到此图层"按钮,使调整效果只针对下方图层,如图 16-45 所示。效果如图 16-46 所示。

步骤 07 对建筑的明暗对比度进行调整。执行"图层 > 新建调整图层 > 曲线"命令,在"属性"面板中对曲线进行调整,调整完成后单击面板底部的"此调整剪切到此图层"按钮,使调整效果只针对下方图层,如图 16-47 所示。效果如图 16-48 所示。

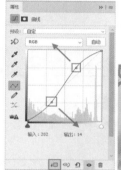

图 16-47

图 16-48

Part 4　制作海报底栏信息

步骤 01 在画面的下方制作底栏。单击工具箱中的"矩形工具"按钮,在选项栏中设置"绘制模式"为"形状","填充"为白色,"描边"为无,设置完成后在画面中的底部绘制一个矩形,如图 16-49 所示。

图 16-49

步骤 02 单击工具箱中的"直线工具"按钮,在选项栏中设置"绘制模式"为"形状","填充"为棕色,"描边"为无,"粗细"为 1 像素,设置完成后在白色矩形上方按住 Shift 键的同时按住鼠标左键拖动绘制一条水平的直线,如图 16-50 所示。

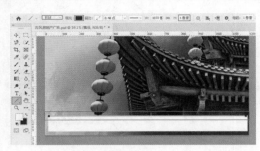

图 16-50

步骤 03 使用"自定形状工具"，在选项栏中设置"绘制模式"为"形状"，"填充"为棕色，"描边"为无，在"形状"下拉菜单中选择"奖杯"图案，设置完成后在白色矩形左边位置绘制形状，如图 16-51 所示。然后使用"文字工具"在该图形下方单击输入文字。效果如图 16-52 所示。

图 16-51

图 16-52

步骤 04 使用同样的方式绘制其他图形，并在图形下方单击输入文字。效果如图 16-53 所示。

图 16-53

步骤 05 继续使用"文字工具"在白色矩形的右边单击

输入文字，然后使用"直线工具"绘制直线作为分割线。效果如图 16-54 所示。按住 Ctrl 键依次加选各个图层，使用组合键 Ctrl+G 将其编组，命名为"底栏"。

图 16-54

步骤 06 单击工具箱中的"矩形工具"按钮，在选项栏中设置"绘制模式"为"形状"，"填充"为无，"描边"为棕色，"大小"为 6 点，设置完成后绘制一个和画面等大的描边矩形作为外边框。本案例制作完成，效果如图 16-55 所示。

图 16-55

16.3 促销宣传单

文件路径	资源包 \ 第 16 章 \ 促销宣传单
难易指数	★★★★★
技术掌握	钢笔工具、图层样式、自由变换、自定形状工具

案例效果

案例效果如图 16-56 所示。

扫一扫，看视频

图 16-56

操作步骤

Part 1　制作宣传单背景

步骤 01 执行"文件 > 新建"命令，创建一个空白文档，如图 16-57 所示。

图 16-57

步骤 02 单击工具箱中的"渐变工具"按钮，单击选项栏中的渐变色条，在弹出的"渐变编辑器"窗口中编辑一个由浅蓝色到浅黄色再到浅蓝色的渐变颜色，颜色编辑完成后单击"确定"按钮，接着在选项栏中单击"线性渐变"按钮，如图 16-58 所示。在"图层"面板中选中背景图层，回到画面中按住鼠标左键从上至下拖动填充渐变，释放鼠标后完成渐变填充操作，如图 16-59 所示。

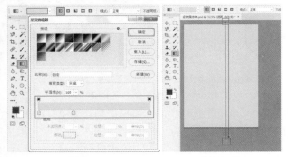

图 16-58　　　　图 16-59

步骤 03 在"图层"面板中单击面板下方的"创建新组"按钮，创建新图层组并将其命名为"光"，如图 16-60 所示。

图 16-60

步骤 04 制作背景光芒图形。选中"光"图层组，单击工具箱中的"钢笔工具"，在选项栏中设置"绘制模式"为"形状"，"填充"为淡绿色，"描边"为无，设置完成后在画面的下方单击鼠标绘制一个细长的四边形，如图 16-61 所示。

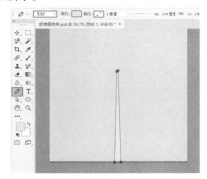

图 16-61

步骤 05 在"图层"面板中选中淡蓝色四边形图层，使用组合键 Ctrl+J 复制出一个相同的图层，如图 16-62 所示。选中复制出的图层，使用自由变换组合键 Ctrl+T 调出定界框，此时素材进入自由变换状态。在选项栏中勾选"显示出变换中心点"复选框，按住 Alt 键在四边形上方单击调整中心点的位置，如图 16-63 所示。接着将四边形旋转至合适的位置，如图 16-64 所示。

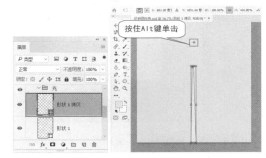

图 16-62　　　　图 16-63

图 16-64

步骤 06 调整完毕之后按下 Enter 键结束变换，如图 16-65 所示。接着多次使用组合键 Ctrl+Shift+Alt+T，得到环绕一周的放射状图形，效果如图 16-66 所示。

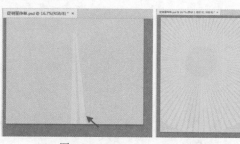

图 16-65　　　　　　　图 16-66

步骤 07 在"图层"面板中选择"光"图层组，单击"图层"面板下方的"添加图层蒙版"按钮，为该图层添加图层蒙版，单击工具箱中的"画笔工具"按钮，在选项栏中设置一个"画笔大小"为 1400 像素的柔边圆画笔，设置"前景色"为黑色，选中"光"图层组的图层蒙版，回到画面中的上下两侧按住鼠标左键拖动进行涂抹，以达到制作出的光与背景颜色融合的效果。调整画笔大小，设置"前景色"为灰色，继续在画面中间位置进行涂抹，此时画面效果如图 16-67 所示。

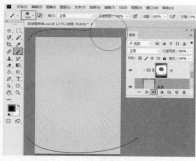

图 16-67

步骤 08 在"图层"面板中选中"光"图层组，执行"图层 > 图层样式 > 内发光"命令，在"图层样式"窗口中设置"混合模式"为"滤色"，"不透明度"为 34%，"颜色"为淡黄色，"方法"为"柔和"，"源"选中"边缘"单选按钮，"大小"为 43 像素，如图 16-68 所示。设置完成后单击"确定"按钮，背景部分效果如图 16-69 所示。

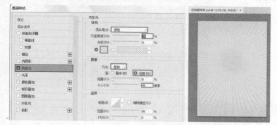

图 16-68　　　　　　　图 16-69

Part 2　制作宣传单正面内容

步骤 01 制作宣传单的正面。在"图层"面板中创建新组，命名为"正面"，如图 16-70 所示。

图 16-70

步骤 02 单击工具箱中的"钢笔工具"按钮，在选项栏中设置"绘制模式"为"形状"，"填充"为白色，"描边"为无，设置完成后在画面中绘制一个四边形，如图 16-71 所示。在"图层"面板中选中四边形图层，使用组合键 Ctrl+J 复制出一个相同的图层。接着在选项栏中设置"填充"为红色，将其向上拖动，如图 16-72 所示。

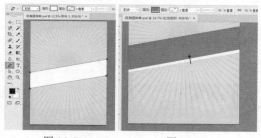

图 16-71　　　　　　　图 16-72

步骤 03 单击工具箱中的"矩形工具"按钮，在选项栏中设置"绘制模式"为"形状"，"填充"为红色，"描边"为无。设置完成后在画面下方按住鼠标左键拖动绘制出一个矩形，如图 16-73 所示。

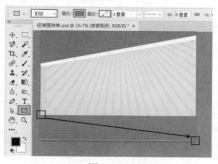

图 16-73

步骤 04 执行"文件 > 置入嵌入的对象"命令，将装饰素材 1.png 置入画面中，调整其大小及位置后按 Enter 键完成置入。在"图层"面板中右击该图层，在弹出的快捷菜单中执行"栅格化图层"命令，如图 16-74 所示。

图 16-74

步骤 05 单击工具箱中的"自定形状工具"按钮，接着在选项栏中设置"绘制模式"为"形状"，"填充"为红色，"描边"为无，选择合适的形状。设置完成后在画面中间位置按住 Shift 键的同时按住鼠标左键拖动绘制一个图章图形，如图 16-75 所示。

图 16-75

步骤 06 在"图层"面板中选中新绘制的图章图形图层，使用组合键 Ctrl+J 复制出一个相同的图层，接着在选项栏中设置"填充"为黄色，然后使用自由变换组合键 Ctrl+T 调出定界框，将黄色图形旋转至合适的角度，如图 16-76 所示。

图 16-76

步骤 07 在"图层"面板中选中黄色图章图层，执行"图层 > 图层样式 > 内阴影"命令，在"图层样式"窗口中设置"混合模式"为"正片叠底"，"颜色"为红色，"不透明度"为 34%，"角度"为 36 度，"距离"为 11 像素，"阻塞"为 4%，"大小"为 152 像素，设置"等高线"为"滚动斜坡—递减"，如图 16-77 所示。此时效果如图 16-78 所示。

图 16-77　　　　　　　　图 16-78

步骤 08 在左侧图层样式列表中单击启用"描边"样式，设置"大小"为 13 像素，"位置"为"外部"，"混合模式"为"正常"，"不透明度"为 100%，"填充类型"为"颜色"，"颜色"为白色，如图 16-79 所示。设置完成后单击"确定"按钮，效果如图 16-80 所示。

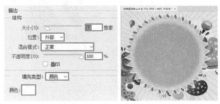

图 16-79　　　　　　　　图 16-80

步骤 09 制作箭头装饰。单击工具箱中的"钢笔工具"按钮，在选项栏中设置"绘制模式"为"形状"，"填充"为黄色，"描边"为无，设置完成后在画面左侧合适的位置单击鼠标绘制箭头形状，如图 16-81 所示。继续使用同样的方法绘制后方小的白色箭头图形，如图 16-82 所示。

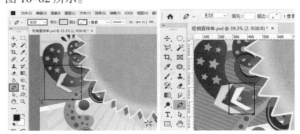

图 16-81　　　　　　　　图 16-82

步骤 10 在"图层"面板中按住 Ctrl 键单击加选刚绘

制的两个箭头图层，使用组合键 Ctrl+J 将两个图层进行复制，接着在画面中将两个复制出的箭头移动到画面右侧，然后使用自由变换组合键 Ctrl+T 调出定界框，右击，在弹出的快捷菜单中执行"垂直翻转"命令将其翻转，如图 16-83 所示。接着将其旋转至合适的角度，如图 16-84 所示。调整完毕后按 Enter 键结束变换。

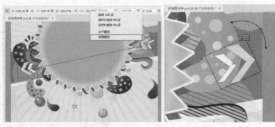

图 16-83　　　　图 16-84

步骤 11 单击工具箱中的"任意形状工具"按钮，在选项栏中分别更改复制出的两个箭头的颜色，如图 16-85 所示。

图 16-85

步骤 12 制作正面宣传页的主题文字。单击工具箱中的"横排文字工具"按钮，在选项栏中设置合适的"字体""字号"，文字"颜色"设置为白色，设置完毕后在画面中间位置单击鼠标建立文字输入的起始点，接着输入文字，文字输入完毕后按 Ctrl+Enter 组合键，如图 16-86 所示。

图 16-86

步骤 13 在"图层"面板中选中文字图层，执行"图层 > 图层样式 > 描边"命令，在"图层样式"窗口中设置"大小"为 24 像素，"位置"为"外部"，"混合模式"为"正常"，"不

透明度"为 100%，"填充类型"为"颜色"，"颜色"为土黄色，如图 16-87 所示。设置完成后单击"确定"按钮，效果如图 16-88 所示。

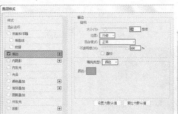

图 16-87　　　　图 16-88

步骤 14 继续使用同样的方式输入画面中的其他文字，如图 16-89 所示。

步骤 15 选中主体上方的黄色文字，执行"编辑 > 变换 > 斜切"命令调出定界框，将光标定位在右侧的控制点上按住鼠标将其向上拖动，将文字进行倾斜，如图 16-90 所示。调整完毕后按 Enter 键结束变换。

图 16-89　　　　图 16-90

步骤 16 在"图层"面板中选中变形后的黄色文字图层，执行"图层 > 图层样式 > 内阴影"命令，在"图层样式"窗口中设置"混合模式"为"正片叠底"，"颜色"为黑色，"不透明度"为 75%，"角度"为 36 度，"距离"为 4 像素，参数设置如图 16-91 所示。在"图层样式"窗口中勾选"预览"复选框，此时效果如图 16-92 所示。

图 16-91　　　　图 16-92

步骤 17 在左侧"图层样式"列表中启用"光泽"样式，

设置"混合模式"为"正片叠底","颜色"为黄色,"不透明度"为 50%,"角度"为 19 度,"距离"为 33 像素,"大小"为 46 像素,"等高线"为"高斯"。参数设置如图 16-93 所示。设置完成后单击"确定"按钮,效果如图 16-94 所示。

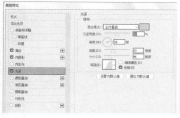

| 图 16-93 | 图 16-94 |

步骤 18 继续使用为文字变形的方法为下方红色文字变形,如图 16-95 所示。

图 16-95

步骤 19 在"图层"面板中选中变形后的红色文字图层,执行"图层 > 图层样式 > 内阴影"命令,在"图层样式"窗口中设置"混合模式"为"正片叠底","颜色"为黑色,"不透明度"为 75%,"角度"为 36 度,"距离"为 6 像素,"大小"为 13 像素。参数设置如图 16-96 所示。在"图层样式"窗口中勾选"预览"复选框,此时效果如图 16-97 所示。

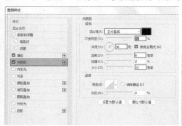

| 图 16-96 | 图 16-97 |

步骤 20 在左侧"图层样式"列表中启用"光泽"样式,设置"混合模式"为"正片叠底","颜色"为暗橘色,"不透明度"为 50%,"角度"为 19 度,"距离"为 33 像素,"大小"为 46 像素,"等高线"为"高斯"。参数设置如图 16-98 所示。设置完成后单击"确定"按钮,效果如图 16-99 所示。

| 图 16-98 | 图 16-99 |

步骤 21 制作光效。执行"文件 > 置入嵌入的对象"命令,将光效素材 2.jpg 置入画面中,调整其大小及位置后按 Enter 键完成置入。在"图层"面板中右击该图层,在弹出的快捷菜单中执行"栅格化图层"命令,如图 16-100 所示。

图 16-100

步骤 22 在"图层"面板中选中光效素材图层,设置面板中的"混合模式"为"滤色",如图 16-101 所示。画面效果如图 16-102 所示。

| 图 16-101 | 图 16-102 |

步骤 23 在"图层"面板中选中光效素材图层,使用组合键 Ctrl+J 复制出一个相同的图层,然后将其移动到右侧合适的位置,如图 16-103 所示。此时正面制作完成,如图 16-104 所示。

| 图 16-103 | 图 16-104 |

步骤 24 在"图层"面板中使用盖印组合键 Ctrl+Shift+Alt+E 将所有图层盖印到一个图层上，如图 16-105 所示。

图 16-105

Part 3　制作宣传单背面内容

步骤 01 在面板下方单击"创建新组"按钮，创建一个名为"背面"的图层组，然后将"正面"图层组及盖印出的正面图层隐藏，如图 16-106 所示。

步骤 02 选中"背面"图层组，单击工具箱中的"圆角矩形工具"按钮，在选项栏中设置"绘制模式"为"形状"，"填充"为白色，"描边"为红色，"描边粗细"为 30 像素，"半径"为 50 像素，设置完成后在画面中间位置按住鼠标左键拖动绘制一个圆角矩形。效果如图 16-107 所示。

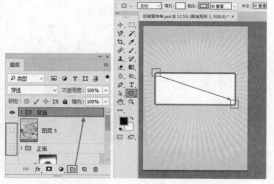

图 16-106　　　　　　图 16-107

步骤 03 单击工具箱中的"矩形工具"按钮，在选项栏中设置"绘制模式"为"形状"，"填充"为红色，"描边"为白色，"描边粗细"为 8 点。设置完成后在画面中合适的位置按住鼠标左键拖动绘制出一个矩形，如图 16-108 所示。将矩形移动到画面右侧，接着使用自由变换组合键 Ctrl+T 调出定界框，将矩形旋转至合适的角度，如图 16-109 所示。旋转完成后按 Enter 键确定变换操作。

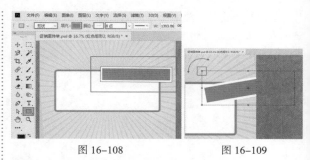

图 16-108　　　　　　图 16-109

步骤 04 在"图层"面板中打开"正面"图层组，按住 Ctrl 键依次单击加选黄色图章图形、红色图章图形、红色条幅图形、白色条幅图形，如图 16-110 所示。接着使用组合键 Ctrl+J 复制出相同的图层，如图 16-111 所示。然后将其移动到"背面"图层组内使此 4 个图层位于"背面"图层组顶部。

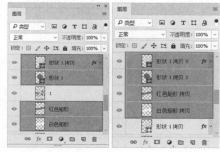

图 16-110　　　　　图 16-111

步骤 05 在"图层"面板中显示并加选复制出的红色条幅图形、白色条幅图形，执行"编辑 > 变换 > 斜切"命令调出定界框，将光标定位在右侧的控制点上按住鼠标将其向上拖动，如图 16-112 所示。调整完成后按 Enter 键结束变换。在"图层"面板中继续显示并加选复制出的黄色图章图形、红色图章图形，使用自由变换组合键 Ctrl+T 调出定界框，将其缩小一些，如图 16-113 所示。

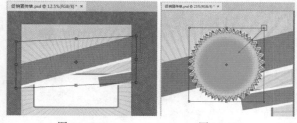

图 16-112　　　　　　图 16-113

步骤 06 向画面中图章上方置入糖果素材 3.png，调整其合适的大小并将其栅格化，如图 16-114 所示。

图 16-114

步骤 07 单击工具箱中的"横排文字工具"按钮，在选项栏中设置合适的"字体""字号"，文字"颜色"设置为红色，设置完成后在画面中合适的位置单击鼠标建立文字输入的起始点，接着输入文字，文字输入完成后按Ctrl+Enter 组合键，如图 16-115 所示。选中文字，执行"编辑 > 变换 > 斜切"命令调出定界框，将光标定位在右侧的控制点上，按住鼠标将其向上拖动，如图 16-116 所示。调整完成后按 Enter 键结束变换。

图 16-115　　　　　　图 16-116

步骤 08 在"图层"面板中选中文字图层，执行"图层 > 图层样式 > 描边"命令，在"图层样式"窗口中设置"大小"为 16 像素，"位置"为"外部"，"混合模式"为"正常"，"不透明度"为 100%，"填充类型"为"颜色"，"颜色"为白色，如图 16-117 所示。设置完成后单击"确定"按钮，效果如图 16-118 所示。

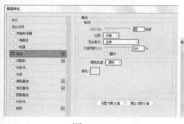

图 16-117　　　　　　图 16-118

步骤 09 继续使用同样的方式输入画面中其他文字，如图 16-119 所示。

图 16-119

步骤 10 单击工具箱中的"椭圆工具"按钮，在选项栏中设置"绘制模式"为"形状"，"填充"为黑色，"描边"为无。设置完成后在画面中合适的位置按住 Shift 键的同时按住鼠标左键拖动绘制一个正圆形，如图 16-120 所示。在"图层"面板中选中正圆图层，使用组合键 Ctrl+J 复制出一个相同的图层，然后按住 Shift 键的同时按住鼠标左键将其向下拖动，进行垂直移动的操作，如图 16-121 所示。继续使用同样的方式制作第三个正圆形，如图 16-122 所示。

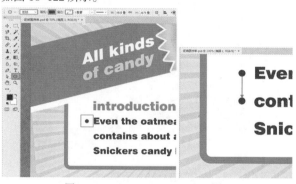

图 16-120　　　　　　图 16-121

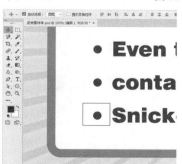

图 16-122

步骤 11 单击工具箱中的"矩形工具"按钮，在选项栏中设置"绘制模式"为"形状"，"填充"为红色，"描边"为无。设置完成后在画面下方按住鼠标左键拖动绘制出一个矩形，如图 16-123 所示。

图 16-123

步骤 12 继续使用制作文字的方法向红色矩形上方输入合适的文字，如图 16-124 所示。

步骤 13 在"图层"面板中使用盖印组合键 Ctrl+Shift+Alt+E 将显示图层盖印到一个图层上，并将其命名为"背面"，如图 16-125 所示。

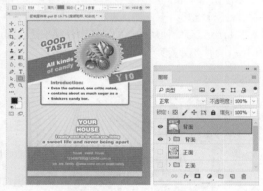

图 16-124   图 16-125

Part 4　制作宣传单展示效果

步骤 01 制作宣传单展示效果。执行"文件 > 打开"命令，打开背景素材 4.jpg，如图 16-126 所示。

图 16-126

步骤 02 在原来文档的"图层"面板中按住 Ctrl 键依次单击加选盖印出的正面及背面图层，使用"移动工具"将这两个图层移动到新的背景文档中，将两者缩放至合适的大小并摆放在合适的位置，如图 16-127 所示。

图 16-127

步骤 03 在"图层"面板中选中正面图层，执行"图层 > 图层样式 > 投影"命令，在"图层样式"窗口中设置"混合模式"为"正片叠底"，"颜色"为墨绿色，"不透明度"为 30%，"角度"为 130 度，"距离"为 20 像素，"大小"为 40 像素。参数设置如图 16-128 所示。设置完成后单击"确定"按钮，效果如图 16-129 所示。

图 16-128   图 16-129

步骤 04 在"图层"面板中选中正面图层，右击，在弹出的快捷菜单中执行"拷贝图层样式"命令，然后选中背面图层，右击，在弹出的快捷菜单中执行"粘贴图层样式"命令。案例完成效果如图 16-130 所示。

图 16-130

16.4 转盘广告设计

文件路径	资源包 \ 第 16 章 \ 转盘广告设计
难易指数	★★★★★
技术掌握	钢笔工具、多边形套索工具、图层样式、自由变换、自定形状工具

案例效果

案例效果如图 16-131 所示。

扫一扫，看视频

图 16-131

操作步骤

Part 1　制作广告背景

步骤 01 执行"文件 > 新建"命令，创建一个空白文档，如图 16-132 所示。

图 16-132

步骤 02 为背景填充颜色。单击工具箱底部的"前景色"按钮，在弹出的"拾色器"窗口中设置颜色为深蓝紫色，然后单击"确定"按钮，如图 16-133 所示。在"图层"面板中选择背景图层，使用"前景色填充"组合键 Alt+Delete 进行填充。效果如图 16-134 所示。

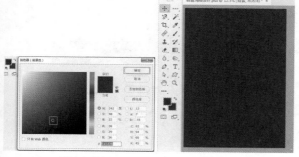

图 16-133　　　　　　　图 16-134

步骤 03 创建一个新图层，单击工具箱中的"画笔工

具"按钮，在选项栏中设置较大的"画笔大小"，选择一个柔边圆画笔，设置"前景色"为浅紫色，选择刚创建的空白图层，在画面中间位置单击进行绘制，如图 16-135 所示。

步骤 04 执行"文件 > 置入嵌入的对象"命令，将背景装饰素材 1.png 置入画面中，调整其大小及位置后按 Enter 键完成置入。在"图层"面板中右击该图层，在弹出的快捷菜单中执行"栅格化图层"命令，如图 16-136 所示。

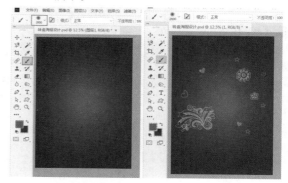

图 16-135　　　　　　　图 16-136

步骤 05 在"图层"面板中选中背景装饰素材图层，设置"不透明度"为 30%，如图 16-137 所示。画面效果如图 16-138 所示。

图 16-137　　　　　　　图 16-138

Part 2　制作主体文字

步骤 01 制作主体文字。单击工具箱中的"横排文字工具"按钮，在选项栏中设置合适的"字体""字号"，文字"颜色"设置为白色，设置完成后在画面中左上角的位置单击鼠标建立文字输入的起始点，接着输入文字，文字输入完成后按 Ctrl+Enter 组合键，如图 16-139 所示。

图 16-139

步骤 02 在"预设管理器"窗口中载入样式。执行"编辑 > 预设 > 预设管理器"命令，在弹出的"预设管理器"窗口中设置"预设类型"为"样式"，单击"载入"按钮，在弹出的"载入"窗口中选择需要载入的样式文件，然后单击"载入"按钮。在"预设管理器"窗口中单击"完成"按钮，如图 16-140 所示。样式载入完成。

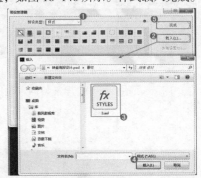

图 16-140

步骤 03 选中文字，执行"窗口 > 样式"命令，在"样式"面板中选择刚载入的图层样式。此时文字产生与之相同的效果，如图 16-141 所示。

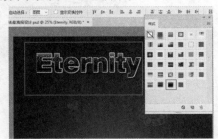

图 16-141

步骤 04 继续使用同样的方式输入右侧文字，如图 16-142 所示。然后在"样式"面板中选择合适的样式，如图 16-143 所示。

图 16-142

图 16-143

步骤 05 单击工具箱中的"矩形工具"按钮，在选项栏中设置"绘制模式"为"形状"，"填充"为暗红色，"描边"为无。设置完成后在主体文字下方按住鼠标左键拖动绘制出一个矩形，如图 16-144 所示。继续使用制作文字的方法输入矩形上方及下方文字，如图 16-145 所示。

图 16-144

图 16-145

Part 3　制作转盘图形

步骤 01 在"图层"面板中单击面板下方的"创建新组"按钮,创建一个名为"转盘"的图层组,如图 16-146 所示。

步骤 02 制作转盘。在"图层"面板中选中"转盘"图层组,单击工具箱中的"椭圆工具"按钮,在选项栏中设置"绘制模式"为"形状","填充"为淡紫色,"描边"为无。设置完成后在画面中按住 Shift+Alt 组合键的同时按住鼠标左键拖动绘制一个正圆形,如图 16-147 所示。

图 16-146　　　　　　　图 16-147

步骤 03 在"图层"面板中选择正圆图层,执行"图层 > 图层样式 > 投影"命令,在"图层样式"窗口中设置"混合模式"为"正片叠底","颜色"为黑色,"不透明度"为 50%,"角度"为 120 度,"距离"为 25 像素,"扩展"为 25%,"大小"为 40 像素。参数设置如图 16-148 所示。设置完成后单击"确定"按钮,效果如图 16-149 所示。

图 16-148　　　　　　　图 16-149

步骤 04 在"图层"面板中选中淡紫色正圆图层,使用组合键 Ctrl+J 复制出一个相同的图层,接着使用自由变换组合键 Ctrl+T 调出定界框,然后按住 Alt 键拖动控制点将其以中心进行缩放,如图 16-150 所示。变换完成后按 Enter 键确定变换操作。接着在工具箱中单击"任意形状工具"按钮,在选项栏中设置"填充"为深紫色,

此时上方正圆更改颜色完成,如图 16-151 所示。

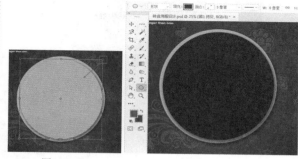

图 16-150　　　　　　　图 16-151

步骤 05 继续使用同样的方法制作上方的蓝灰色的正圆,如图 16-152 所示。再次复制并缩放,更改"填充"颜色为暗红色,如图 16-153 所示。

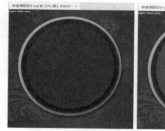
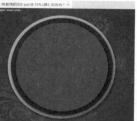

图 16-152　　　　　　　图 16-153

步骤 06 在工具箱中单击"多边形套索工具"按钮,然后在画面中绘制一个交叉的封闭选区,如图 16-154 所示。在"图层"面板中选中暗红色正圆图层,在面板的下方单击"添加图层蒙版"按钮基于选区添加图层蒙版,如图 16-155 所示。

图 16-154

图 16-155

步骤 07 制作转盘的中心圆形。单击工具箱中的"椭圆工具"按钮，在选项栏中设置"绘制模式"为"形状"，单击选项栏中的"填充"按钮，在下拉面板中单击"渐变"按钮，然后编辑一个蓝色系的渐变颜色，设置"渐变类型"为"线性渐变"，设置"渐变角度"为90。接着回到选项栏中设置"描边"为无，设置完成后在画面中转盘中间位置绘制一个正圆形，如图 16-156 所示。

图 16-156

步骤 08 在"图层"面板中选中底部的淡紫色正圆图层，右击，在弹出的快捷菜单中执行"拷贝图层样式"命令，接着选中刚绘制的中间的渐变正圆图层，右击，在弹出的快捷菜单中执行"粘贴图层样式"命令。效果如图 16-157 所示。

步骤 09 继续使用复制并缩小正圆的方法将上方浅橘色正圆绘制完成，如图 16-158 所示。

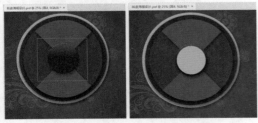

图 16-157   图 16-158

步骤 10 单击工具箱中的"横排文字工具"按钮，在选项栏中设置合适的"字体""字号""颜色"，设置完成后在画面中合适的位置单击鼠标建立文字输入的起始点，接着输入文字，文字输入完成后按 Ctrl+Enter 组合键，如图 16-159 所示。

图 16-159

步骤 11 在"图层"面板中选中刚绘制的文字，在"样式"面板中选择合适的样式。此时文字效果如图 16-160 所示。

图 16-160

步骤 12 继续使用同样的方式输入画面中转盘每个分区中的文字，如图 16-161 所示。

图 16-161

Part 4　辅助图形及信息

步骤 01 制作便条装饰。单击工具箱中的"钢笔工具"

按钮，在选项栏中设置"绘制模式"为"形状"，"填充"为淡蓝色，"描边"为无。设置完成后在画面中合适的位置绘制一个四边形，如图 16-162 所示。

图 16-162

步骤 02 在"图层"面板中选中青色四边形图层，执行"图层 > 图层样式 > 投影"命令，在"图层样式"窗口中设置"混合模式"为"正片叠底"，"颜色"为黑色，"不透明度"为 50%，"角度"为 120 度，"距离"为 5 像素，"扩展"为 10%，"大小"为 10 像素。参数设置如图 16-163 所示。设置完成后单击"确定"按钮，效果如图 16-164 所示。

图 16-163　　　　　　　　图 16-164

步骤 03 在"图层"面板中选中青色四边形图层，使用组合键 Ctrl+J 复制出一个相同的图层，接着使用自由变换组合键 Ctrl+T 调出定界框，将其旋转至合适的角度，然后将其移至合适的位置，如图 16-165 所示。调整完成后按 Enter 键结束变换。

步骤 04 选中复制出的四边形，在工具箱单击"任意形状工具"按钮，在选项栏中设置"填充"为粉紫色。效果如图 16-166 所示。

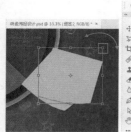 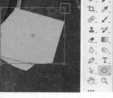

图 16-165　　　　　　　　图 16-166

步骤 05 单击工具箱中的"横排文字工具"按钮，在选项栏中设置合适的"字体""字号"，文字"颜色"设置为深蓝色，设置完成后在画面中合适的位置单击鼠标建立文字输入的起始点，接着输入文字，文字输入完成后按 Ctrl+Enter 组合键，如图 16-167 所示。继续使用同样的方式输入下方文字，如图 16-168 所示。

图 16-167　　　　　　　　图 16-168

步骤 06 在"图层"面板中选中"转盘"图层组，将此图层组移到面板顶部。画面中效果如图 16-169 所示。

步骤 07 制作下方模块。单击工具箱中的"矩形工具"按钮，在选项栏中设置"绘制模式"为"形状"，"填充"为暗红色，"描边"为无。设置完成后在画面下方按住鼠标左键拖动绘制出一个矩形，如图 16-170 所示。

图 16-169　　　　　　　　图 16-170

步骤 08 单击工具箱中的"钢笔工具"按钮，在选项栏中设置"绘制模式"为"形状"，"填充"为无，"描边"为白色，"描边粗细"为 7 像素，单击"描边类型"按钮，在下拉菜单中选择一个合适的虚线，然后单击"更多选项"按钮，在"描边"窗口中设置"虚线"为 0，"间隙"为 3。设置完成后单击"确定"按钮。接着在画面中合适的位置按住 Shift 键单击鼠标绘制水平的线条，如图 16-171 所示。

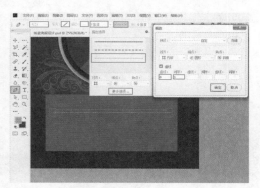

图 16-171

步骤 09 在"图层"面板中选中"虚线"图层，使用组合键 Ctrl+J 复制出一个相同的图层，单击工具箱中的"移动工具"按钮，然后按住 Shift 键的同时按住鼠标左键将其向下拖动，进行垂直移动的操作，如图 16-172 所示。

图 16-172

步骤 10 单击工具箱中的"横排文字工具"按钮，在选项栏中设置合适的"字体""字号"，文字"颜色"设置为黄色，设置完成后在画面中合适的位置单击鼠标建立文字输入的起始点，接着输入文字，文字输入完毕后按 Ctrl+Enter 组合键，如图 16-173 所示。

图 16-173

步骤 11 继续使用同样的方式输入画面中的其他文字，如图 16-174 所示。最后将卡通素材 2.png 置入文档中并放置在画面中合适位置，然后按 Enter 键确定变换操作。本案例绘制完成效果如图 16-175 所示。

图 16-174　　　　　　　图 16-175

16.5　卡通风格娱乐节目广告

文件路径	资源包 \ 第 16 章 \ 卡通风格娱乐节目广告
难易指数	★★★★★
技术掌握	矩形工具、图层样式、自定形状工具

案例效果

案例效果如图 16-176 所示。

扫一扫，看视频

图 16-176

操作步骤

Part 1　制作背景部分

步骤 01 执行"文件 > 新建"命令，创建一个竖版文档。单击工具箱中的"渐变工具"按钮，在选项栏中单击渐变色条，在弹出的"渐变编辑器"窗口中编辑一个紫色到粉色的渐变，如图 16-177 所示。在选项栏中设置"渐变方式"为"径向渐变"，将光标定位在画面下部按住鼠标左键并向上拖曳填充渐变，如图 16-178 所示。

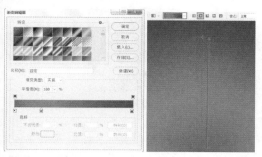

图 16-177   图 16-178

步骤 02 单击工具箱中的"矩形工具"按钮，在选项栏中设置"绘制模式"为"形状"，"填充"为紫色。在画面下部按住鼠标左键进行拖曳，绘制矩形，如图 16-179 所示。使用同样的方式在画面底部绘制多个矩形，按住 Ctrl 键依次单击这些矩形图层，然后使用组合键 Ctrl+E 进行盖印，如图 16-180 所示。

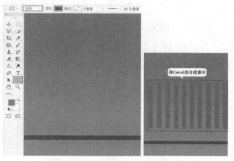

图 16-179   图 16-180

步骤 03 执行"编辑 > 变换 > 透视"命令，将光标移动到画面中定界框的定位点上进行拖曳，得到带有透视感的效果，如图 16-181 所示。适当缩放，并将其向下拖曳，摆放在横向矩形的下方，如图 16-182 所示。

图 16-181   图 16-182

步骤 04 制作云朵。单击工具箱中的"椭圆选框工具"按钮，在选项栏中单击"添加到选区"按钮，接着将光标定位在画面上，按住鼠标左键进行拖曳，绘制椭圆选区，如图 16-183 所示。接着在画面中椭圆选区上再次绘制椭圆选区，如图 16-184 所示。继续绘制多个椭圆

选区，得到一个云朵的选区，如图 16-185 所示。

图 16-183

图 16-184   图 16-185

步骤 05 为云朵选区填充渐变。新建图层，单击工具箱中的"渐变工具"按钮，在选项栏中单击渐变色条，在弹出的"渐变编辑器"窗口中编辑一个紫红色系渐变，设置"渐变类型"为"径向"，在画面选区内单击按住鼠标左键向外拖曳，如图 16-186 所示。接着使用同样的方式绘制云朵，如图 16-187 所示。

图 16-186   图 16-187

步骤 06 复制出多个云朵图层，并进行缩放、旋转等操作，叠放在一起，如图 16-188 和图 16-189 所示。

图 16-188   图 16-189

Part 2   制作相框

步骤 01 制作相框。单击工具箱中的"矩形工具"按钮，在选项栏中设置"绘制模式"为"形状"，"填充"为紫

色，接着在画面中按住鼠标左键并拖曳绘制形状，如图 16-190 所示。

图 16-190

步骤 02 执行"文件 > 置入嵌入的对象"命令，在打开的窗口中选择素材 2.jpg，单击"置入"按钮，并将素材拖曳到之前绘制的矩形上，按 Enter 键完成置入。执行"图层 > 栅格化 > 智能对象"命令，将该图层栅格化为普通图层，如图 16-191 所示。在"图层"面板上设置"混合模式"为"柔光"，如图 16-192 所示。效果如图 16-193 所示。

图 16-191　　　图 16-192　　　图 16-193

步骤 03 制作立体缎带。执行"文件 > 置入嵌入的对象"命令，置入素材 3.png 并将其栅格化，如图 16-194 所示。为缎带制作投影，执行"图层 > 图层样式 > 投影"命令，设置"混合模式"为"正片叠底"，"投影颜色"为黑色，"不透明度"为 100%，"角度"为 138 度，"距离"为 25 像素，"扩展"为 0%，"大小"为 30 像素，单击"确定"按钮完成设置，如图 16-195 所示。效果如图 16-196 所示。

图 16-194　　　　　图 16-195

图 16-196

步骤 04 制作缎带上的文字。单击工具箱中的"横排文字工具"按钮，在选项栏中设置合适的"字体""字号"，"填充颜色"为白色，在画面中单击输入文字，如图 16-197 所示。接着使用自由变换组合键 Ctrl+T 调出定界框，对文字进行旋转，如图 16-198 所示。旋转完成后按 Enter 键确定变换操作。

图 16-197　　　　　图 16-198

步骤 05 制作主体文字。继续使用同样的方法输入文字，如图 16-199 所示。

图 16-199

步骤 06 要载入图案。执行"编辑 > 预设 > 预设管理器"命令，在弹出的"预设管理器"窗口中设置"预设类型"为"样式"，单击"载入"按钮，如图 16-200 所示。在弹出的"载入"窗口中选择 1.asl，单击"载入"按钮完成载入，如图 16-201 所示。在"预设管理器"窗口中单击"完成"按钮完成载入。

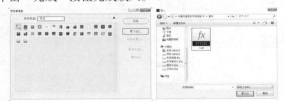

图 16-200　　　　　图 16-201

步骤 07 选中该文字图层，执行"窗口 > 样式"命令打开"样式"面板，选择新载入的样式，如图 16-202 所示。效果如图 16-203 所示。使用同样的方式制作其他文字，如图 16-204 所示。

图 16-202　　　　　　　图 16-203　　　　　　　图 16-204

步骤 08 置入光效素材 4.jpg 并将其栅格化，如图 16-205 所示。在"图层"面板中设置"混合模式"为"滤色"，如图 16-206 所示。效果如图 16-207 所示。

图 16-205　　　　　　图 16-206　　　　　　图 16-207

步骤 09 置入窗帘素材 5.png 并将素材摆放在矩形上方，如图 16-208 所示。接着为该窗帘制作投影效果，执行"图层 > 图层样式 > 投影"命令，设置"混合模式"为"正片叠底"，"投影颜色"为黑色，"不透明度"为 47%，"角度"为 120 度，"距离"为 18 像素，"扩展"为 7%，"大小"为 5 像素，单击"确定"按钮完成编辑，如图 16-209 所示。效果如图 16-210 所示。

图 16-208　　　　　　　图 16-209　　　　　　　图 16-210

步骤 10 置入相框素材 6.png 并将素材拖曳到矩形上，如图 16-211 所示。为相框制作立体投影效果，执行"图层 > 图层样式 > 斜面和浮雕"命令，设置"样式"为"内斜面"，"方法"为"雕刻柔和"，"深度"为 83%，"方向"选中"上"单选按钮，"大小"为 6 像素，"软化"为 0 像素，如图 16-212 所示。勾选"描边"复选框，设置"大小"为 2 像素，"位置"为"外部"，"混合模式"为"正常"，"不透明度"为 100%，"填充类型"为"颜色"，"颜色"为蓝色，如图 16-213 所示。

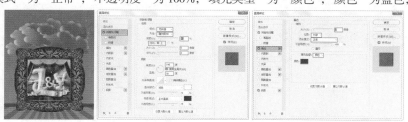

图 16-211　　　　　　　图 16-212　　　　　　　图 16-213

步骤 11 继续勾选"投影"样式,设置"混合模式"为"正片叠底","投影颜色"为紫色,"不透明度"为75%,"角度"为151度,"距离"为10像素,"扩展"为9%,"大小"为25像素,单击"确定"按钮完成编辑,如图16-214所示。效果如图16-215所示。

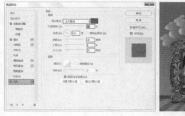

图 16-214   图 16-215

Part 3   制作顶部元素

步骤 01 置入卡通素材 7.png,摆放在画面顶部,如图16-216所示。接着为卡通素材制作投影,执行"图层 > 图层样式 > 投影"命令,设置"混合模式"为"正片叠底","投影颜色"为黑色,"不透明度"为49%,"角度"为148度,"距离"为9像素,"扩展"为0%,"大小"为4像素,单击"确定"按钮完成编辑,如图16-217所示。效果如图16-218所示。

图 16-216   图 16-217

图 16-218

步骤 02 制作装饰线条。单击工具箱中的"钢笔工具"按钮,在选项栏中设置"绘制模式"为"形状","填充"为无,"描边"为黄色,"描边宽度"为2.5点,接着在画面中按住鼠标左键单击并拖曳绘制曲线形状,如图16-219所示。

图 16-219

步骤 03 选择该图层,执行"图层 > 图层样式 > 投影"命令,设置"混合模式"为"正片叠底","投影颜色"为黑色,"不透明度"为55%,"角度"为148度,"距离"为18像素,"扩展"为0%,"大小"为2像素,如图16-220所示。效果如图16-221所示。

图 16-220   图 16-221

步骤 04 继续使用同样的方式在右侧绘制另外一条装饰线和"投影"图层样式,如图16-222所示。

图 16-222

> **提示**：添加"投影"图层样式时的注意事项
>
> 我们都知道阴影的产生是由于光照的原因,而在一个场景中的内容应该受到相同的光源照射。平面设计中也是相同,为了使版面和谐美观,应尽力模拟同一场景的感觉,所以阴影的角度和柔和程度应该尽量相同。

步骤 05 执行"文件 > 置入嵌入的对象"命令,置入素材 8.png，如图 16-223 所示。使用同样的方式添加投影，如图 16-224 所示。

图 16-223　　　　　　图 16-224

步骤 06 再次置入 4.jpg 并适当旋转，按 Enter 键完成置入，如图 16-225 所示。在"图层"面板中设置"混合模式"为"滤色"，如图 16-226 所示。效果如图 16-227 所示。

图 16-225　　　图 16-226　　　图 16-227

步骤 07 选中该图层，在"图层"面板中单击"添加图层蒙版"按钮，单击工具箱中的"画笔工具"按钮，设置"前景色"为黑色。选中该图层的图层蒙版缩略图，在蒙版中绘制，隐藏遮挡住相框上的蝴蝶效果，如图 16-228 和图 16-229 所示。

图 16-228　　　　　　图 16-229

步骤 08 再次置入缎带素材 3.png，放置在画面中的上方，如图 16-230 所示。在之前制作好的缎带素材的"投影"图层样式上右击，在弹出的快捷菜单中执行"拷贝图层样式"命令，如图 16-231 所示。

图 16-230　　　　　　图 16-231

步骤 09 在当前图层上右击，在弹出的快捷菜单中执行"粘贴图层样式"命令，如图 16-232 所示。效果如图 16-233 所示。

图 16-232　　　　　　图 16-233

步骤 10 制作缎带上的文字。单击工具箱中的"横排文字工具"按钮，在选项栏中设置合适的"字体""字号"，"填充颜色"为白色。在画面中单击输入文字，接着使用自由变换组合键 Ctrl+ T 调出界定框，对文字进行旋转，如图 16-234 所示。

图 16-234

步骤 11 选中文字图层，执行"图层 > 图层样式 > 内阴影"命令，设置"混合模式"为"正片叠底"，"投影颜色"为黑色，"不透明度"为 35%，"角度"为 145 度，"距离"为 1 像素，"阻塞"为 0%，"大小"为 0 像素，单击"确定"按钮完成编辑，如图 16-235 所示。效果如图 16-236 所示。

图 16-235　　　　　　图 16-236

步骤 12 使用同样的方式制作紫色文字，如图 16-237 所示。接着置入牛奶素材 9.png，将其移至文字的右上方，如图 16-238 所示。

步骤 13 制作渐变的圆形。单击工具箱中的"椭圆选区工具"按钮，在画面中缎带上方按住 Shift 键并按住鼠标左键拖曳绘制正圆选区，如图 16-239 所示。接着为选区添加渐变，单击工具箱中的"渐变工具"按钮，在选项栏中单击渐变色条，在弹出的"渐变编辑器"窗口中编辑一个蓝色渐变，"渐变方式"为"径向渐变"。新建图层，在椭圆选区中按住鼠标左键拖曳填充渐变，如图 16-240 所示。使用同样的方式制作其他渐变圆形，并放置在适当位置，如图 16-241 所示。

图 16-237　　　　　　　图 16-238

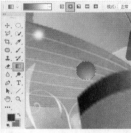

图 16-239　　　　　　图 16-240　　　　　　图 16-241

步骤 14 添加五角星形状。单击工具箱中的"自定形状工具"按钮，在选项栏中设置"绘制模式"为"形状"，"填充"为蓝色，"形状"为"五角星形状"，接着在画面中上部绘制五角星形状，如图 16-242 所示。使用同样的方式制作其他的五角星形状，如图 16-243 所示。

图 16-242　　　　　　　图 16-243

Chapter 17

第17章

电商美工

本章内容简介

随着电商行业的发展，网购成为人们重要的购物方式之一。由于行业需求量的迅猛增长，电商美工逐渐成为近年来的热门职业之一。从"美工"这一词中能够感受到这是一份关于"美"的工作，也就是说这份工作不仅需要制图方面的"技术"，还需要良好的审美与艺术功底。

优秀作品欣赏

17.1 电商美工设计基础知识

当我们在线下逛商场的时候，往往会被装修风格个性、配色得体的店铺所吸引。同理，淘宝、京东等电商平台也是一个个巨大的商场，由无数间店铺组成。当消费者"逛"网店时，网店的视觉效果往往会第一时间影响到用户的判断，所以网店装修的好坏会直接影响到店铺的销量。如图 17-1 ～图 17-4 所示为不同风格的网店首页设计。

图 17-1　　　　图 17-2　　　　图 17-3　　　　图 17-4

17.1.1　什么是电商美工

那么谁来为网店"装修"呢？这就到了美工人员大显身手的时刻了。"电商美工"是网店页面编辑美化工作者的统称。日常工作包括网店页面的美化设计、产品图片处理以及商品上下线更换等工作内容。电商美工更像是介于网页设计师与平面设计师之间的工作。

互联网经济时代下，电商美工逐渐成为就业前景较好的职业，职位需求量大，而且工作时间有弹性、工作地点自由度大，甚至可以在家里办公，所以电商美工也逐渐成为很多设计师青睐的职业方向。不仅如此，一些小成本网店的店主，如果自己掌握了"电商美工"这门技术，也可以节约一部分开销。

> **提示：电商美工是一种习惯性的称呼**
>
> 其实，"电商美工"是对电商设计人员的一种习惯性的称呼，很多时候也会被称为网店美工、网店设计师、电商设计师。随着电商行业的发展，越来越多的电商平台不断涌现，淘宝、天猫、京东、当当等电商平台上都聚集着大量的网店，而且很多品牌厂商会横跨多个平台"开店"。在任何一个电商平台经营店铺都少不了电商设计人员的身影，不同的平台对网店装修用图的尺寸要求可能略有区别，但是美工工作的性质是相同的。所以，针对不同平台的店铺进行"装修"时，需要首先了解一下该平台对网页尺寸及内容的要求，然后再进行制图。

17.1.2　电商美工设计师的工作有哪些

作为一个淘宝美工设计师，都有哪些工作需要做呢？淘宝美工的工作主要分为两大部分。

一方面是商品图片处理。摄影师在商品拍摄完成后会筛选一部分比较好的作品，设计人员会从中筛选一部分需要作为产品主图、详情页的图片。针对这些商品图片，需要进行进一步的修饰与美化工作，例如，去掉瑕疵、修补不足、矫正偏色，如图 17-5 和图 17-6 所示。

图 17-5　　　　　　　　图 17-6

另一方面是网页版面的编排。其中包括网站店铺首页设计、产品主图设计、产品详情页设计、活动广告等排版方面的工作。这部分工作比较接近于广告设计以及版式设计的项目，需要具备较好的版面把控能力、色彩运用能力以及字体设计、图形设计等方面的能力。如图 17-7 所示为网店首页设计作品；如图 17-8 所示为产品主图；如图 17-9 所示为产品详情页信息的版面；如图 17-10 所示为网店广告设计作品。

图 17-7　　　　　　　　图 17-8

图 17-9　　　　　　　　图 17-10

17.1.3　网店各部分尺寸

从淘宝店铺美化工作的角度出发，可以分为店铺首页的设计和商品详情页的设计。店铺首页是店铺品牌形象的整体展示窗口，店铺首页通常包含商品海报、活动信息、热门商品等内容。但是各部分结构所处的位置通常是不固定的，如图 17-11 所示。商品详情页是展示商品详细信息的一个页面，是承载着店铺的大部分流量和订单的入口，如图 17-12 所示。

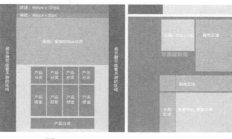

图 17-11　　　　　　　　图 17-12

1. 店招

一般实体店铺都会挂一个牌匾，这样就能告诉来来往往的客人这是一家销售何种商品的店铺，这家店铺的名称是什么。同理，网店首页的"店招"就是起到这样一个作用。

淘宝店招位于淘宝店铺的最上面，淘宝店招区域也是展现店铺名称、标志甚至是店铺整体格调的区域。所以当客户进入我们的宝贝详情页，第一眼看到的不是宝贝的销量、不是看宝贝的评价，也不是去看宝贝的详情，而是店招，可见淘宝店招的重要性。在设计淘宝店招时，通常可以突出自己店铺的名称，还可以添加一些广告词，放上爆款产品展示。店招的尺寸为 950px×120px ，小于 80kB。如图 17-13 ～图 17-15 所示为店招设计。

图 17-13

图 17-14

图 17-15

2. 导航栏

导航栏的作用是方便买家从导航栏中快速跳转到另一个页面，查看想要查看的商品或活动等，使店内的商品或活动能及时准确地展现在买家面前。或者部分没有展现在首页的商品，也都可以从导航进入并找到。导航栏的尺寸为 950px×30px。如图 17-16 ～图 17-18 所示为导航栏设计。

图 17-16

图 17-17

图 17-18

3. 店铺标志

店铺标志简称为"店标"，是一间店铺的形象参考，体现了店铺的风格、定位和产品特征，也能起到宣传的作用。店铺标志的尺寸为 100px × 100px。如图 17-19 和图 17-20 所示为店铺标志设计。

图 17-19　　　　　图 17-20

4. 宝贝主图

通过发布主图，可以吸引买家的注意，从而引起点开链接的欲望。产品的主图不仅展现在详情页上，如图 17-21 所示，更是展现在搜索页面中，所以如何从众多产品主图中脱颖而出，才是宝贝主图的主要目的，如图 17-22 所示。

图 17-21　　　　　图 17-22

宝贝主图就好比一扇"门"，客户从你门前过，进不进来也取决于这扇"门"的吸引程度。在主图的设计上应该能够在第一时间展现给客户产品信息，言简意赅，清晰明了。当制作的宝贝图片尺寸大于 700px × 700px，上传以后宝贝就自动会有放大镜的功能，鼠标移动到宝贝图片各位置时会显示放大。所以商品主图尺寸通常为宽 800px × 高 800px，要求 JPG 或 GIF 格式，如图 17-23 和图 17-24 所示。

图 17-23　　　　　图 17-24

5. 店铺收藏标识

店铺的收藏量是一个店铺热度的衡量标准，一个醒目、美观的收藏按钮对收藏店铺影响非常大。店铺收藏没有固定的尺寸限制，主要是根据淘宝店铺装修设计标准而定，例如，如果要将店铺收藏摆在左侧栏的位置就按照左侧栏的宽度来定尺寸；如果想放到店铺的右侧，就按照右侧的尺寸来设计。如图 17-25 ～图 17-27 所示为几种不同风格的店铺收藏标识。

图 17-25　　　图 17-26　　　图 17-27

6. 店铺海报

店铺海报分为全屏海报和普通海报两种，全屏海报的尺寸为 1920px × 600px，如图 17-28 和图 17-29 所示。普通海报的尺寸为 950px × 600px 左右，如图 17-30 和图 17-31 所示。

图 17-28　　　　　图 17-29

图 17-30　　　　　图 17-31

7. 左侧栏

左侧栏主要包含收藏本店标识、联系方式、客服中心、旺旺在线、关键字搜索栏、新品推荐、宝贝分类、宝贝排行榜、友情链接、充值中心等内容；每一块的设计都要协调，与整体店铺风格保持一致，左侧栏的宽度为 190px。

17.1.4　店铺首页的构成

店铺首页是网店的门面，能够让客户了解到店铺的环境，以及产品的定位，也是客户产生兴趣的关键。这样因此使店铺首页成为店铺流量聚集、点击转化较高的位置，可见店铺首页设计的重要意义。

客户通常都是从详情页跳转到首页中，一个完善的店铺能够给客户留下一个美好的印象，人们都愿意为美好的事情买单，一个神形兼备的店铺首页更能够留住客户，让客户产生继续浏览下去的兴趣。店铺首页主要起到塑造店铺形象、展示主推产品、推广店铺促销活动以及分类导航的功能。

店铺首页中有很多的内容，主要可以分为店铺页头、活动促销、产品展示、店铺页尾 4 个部分。

1. 店铺页头

店铺页头包括店招和导航，在设计店招时需要体现店铺的名称、店铺广告标语、店铺标志等主要信息，还需考虑是否着重表现热卖商品、收藏店铺、优惠券等信息。在设计导航时需要考虑到与店招之间的连贯性，尤其是在颜色上，既能够与整个页面颜色协调，又能够突出显示。不仅如此，还要考虑导航总共需要分为几个导航分类，"所有宝贝""首页""店铺动态"是少不了的几个选项，卖家还需要根据自己店铺的实际情况添加合适的导航按钮，例如，店铺上新一批新款服饰，那么可以添加一个"店铺新品"的按钮链接。或者一些店铺为了彰显实力，而设置的"品牌故事"链接。如图 17-32 和图 17-33 所示为店铺页头设计。

图 17-32

图 17-33

2. 活动促销

在首页中的第一屏中会展示店铺的活动广告、折扣信息、轮播广告等内容。这些内容主要用于推广产品，吸引卖家注意，如图 17-34 和图 17-35 所示。

图 17-34　　　　　　　　图 17-35

3. 产品展示

产品展示区域大概可以分为两类，分别是产品分类和主推产品。主推产品是整个店铺的主要卖点，选择多个主推产品，然后进行定位，通过广告的形式体现产品的核心卖点、价格和折扣信息等内容。产品分类则是将产品进行分类展示，例如，一家女装店，可以将裙装集中在一起展示，裤装集中在一起展示，这样将产品分为几大类别，方便客户的选择，如图 17-36 和图 17-37 所示。

图 17-36　　　　　　　　图 17-37

4. 店铺页尾

店铺页尾模块在设计上一定要符合店铺的设计风格与主题，色彩要统一，还需要具有人性化，例如，可以放一个回到顶部的按钮。店铺页尾可以添加客服中心、购物保障、发货须知等内容，如图 17-38 和图 17-39 所示。

图 17-38

图 17-39

17.1.5　店铺首页的常见构图方式

店铺首页在整个网店中有着非常重要的意义，通常客户都是带着某种目的而来，例如，了解店铺中的其他产品、查看店铺的活动、在店铺首页领取优惠券等。店铺首页需要表达的信息非常多，一个枯燥无味的页面会影响信息传递，让信息通过合理的版式布局进行传递，是非常重要的。

店铺首页通常会采用长网页的布局方式，不会限制版面的高度，随着用户滚动鼠标中轮来浏览网页，这种长网页能够容纳更多的信息，与此同时因为网页过长会让客人在浏览过程中失去耐心。通常常见的版面构图分为全部为商品广告、全部为商品展示和商品广告与商品展示相互穿插三种构图方式。

1. 全部为商品广告

整个首页版面都以展示产品广告、活动信息为主，由多个广告组成，整个版面效果丰富，因为每个广告都会形成一个视觉重点，但是保证整个版面的整体性，广告风格需要体现商品的特点，也需要保持广告风格的统一性，如图 17-40 所示。

2. 全部为商品展示

全部为商品展示的版面是指除首屏轮播广告外均为商品展示，这类构图方式比较适合产品较多的网店。在商品展示的排版中要注意排版的统一性，分类要清晰，产品的相互展示最好是相关的、相互补充的，让客户在浏览的过程中能够清晰了解商品的属性，如图 17-41 所示。

3. 商品广告与商品展示相互穿插

商品广告与商品展示相互穿插是最常用的构图方式，通常会将爆款制作成广告，然后下方排列同类产品，这种构图方式内容丰富、主次分明，既能突出重点，又能带动其他产品的销售，如图 17-42 所示。

图 17-40　　　　　图 17-41　　　　　图 17-42

17.1.6　产品详情页的构成

产品详情页是对单独商品进行介绍的页面，通过浏览此页面能够起到激发客户的消费欲望、打消客户的顾虑、促使客户下单的作用。

除页面页头（店招和导航）之外，产品详情页一般是由 4 个部分组成，分别是主图、左侧模块、宝贝详情内容、页面尾部。

1. 主图

主图是对商品的介绍，是给客户的第一印象。因为宝贝在淘宝搜索中是以图片的形式展示给顾客的，宝贝给客户的第一印象直接影响客户的点击率，间接地也会影响产品的曝光率，从而影响整个产品的销量（在后面的学习中会专门讲解主图设计的相关知识），如图 17-43～图 17-45 所示。

图 17-43　　　　图 17-44　　　　图 17-45

2. 左侧模块

左侧模块主要包括客服中心、宝贝分类、自定义板块，这里可以给客户传递的信息有店铺客服时间、售前和售后客服人员，自定义板块也能是销量的排行榜，便于客户更快捷选择。如图 17-46 和图 17-47 所示为不同风格的宝贝分类。

图 17-46　　　　　　　图 17-47

3. 宝贝详情内容

宝贝详情内容是整个详情页的设计重点，通过用户浏览宝贝详情内容可以了解商品属性、打消疑虑、对店铺产生好感，在宝贝详情内容中需要进行产品的展示、尺寸选择、颜色选择、场景展示、细节展示、搭配推荐、好评截图、包装展示等，内容比较多，需要注意主次关系，因为这是客户是否购买此商品的关键。如图 17-48～图 17-51 所示为一个产品的详情页。

图 17-48　　图 17-49　　图 17-50　　图 17-51

4. 页面尾部

最后是页面尾部，这里只要做到和整体相呼应，也可以是购物须知、注意事项、售后保障问题 / 物流等信息。

17.2 产品展示模块

文件路径	资源包 \ 第 17 章 \ 产品展示模块
难易指数	★★★★★
技术掌握	钢笔工具、圆角矩形工具、椭圆工具、自定形状工具、快速选择工具

案例效果

案例效果如图 17-52 所示。

扫一扫，看视频

图 17-52

操作步骤

Part 1　制作背景

步骤 01 执行"文件 > 新建"命令，创建一个大小合适的空白文档，如图 17-53 所示。接着单击工具箱中底部的"前景色"按钮，在弹出的"拾色器"窗口中设置颜色为淡灰色，设置完成后单击"确定"按钮完成操作。然后使用组合键 Alt+Delete 进行前景色填充。效果如图 17-54 所示。

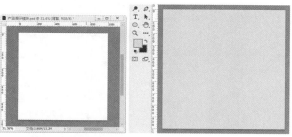

图 17-53　　　　　　　图 17-54

步骤 02 单击工具箱中的"钢笔工具"按钮，在选项栏中设置"绘制模式"为形状，"填充"为淡粉色，"描边"为无，设置完成后在画面右下角位置绘制一个三角形，如图 17-55 所示。

图 17-55

步骤 03 单击工具箱中的"圆角矩形工具"按钮，在选项栏中设置"绘制模式"为"形状"，"填充"为白色，"描边"为无，"半径"为 20 像素，设置完成后在画面中间位置绘制一个圆角矩形，如图 17-56 所示。

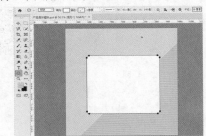

图 17-56

步骤 04 为绘制完成的圆角矩形添加"投影"图层样式，增加图形的立体感。选择该图层，执行"图层 > 图层样式 > 投影"命令，在弹出的"图层样式"窗口中设置"混合模式"为"正片叠底"，"颜色"为黑色，"不透明度"为 17%，"角度"为 90 度，"距离"为 24 像素，"大小"为 32 像素，设置完成后单击"确定"按钮完成操作，如图 17-57 所示。效果如图 17-58 所示。

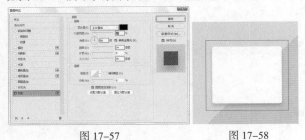

图 17-57　　　　　　图 17-58

Part 2　制作主体图案与文字

步骤 01 单击工具箱中的"椭圆工具"按钮，在选项栏中设置"绘制模式"为"形状"，"填充"为蓝色，"描

边"为无，设置完成后在白色圆角矩形右下角位置按住 Shift 键的同时按住鼠标左键拖动绘制一个正圆，如图 17-59 所示。

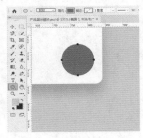

图 17-59

步骤 02 为该正圆添加"投影"图层样式增加立体感。选择该图层，执行"图层 > 图层样式 > 投影"命令，在弹出的"图层样式"窗口中设置"混合模式"为"正片叠底"，"颜色"为黑色，"不透明度"为 36%，"角度"为 90 度，"距离"为 18 像素，"大小"为 32 像素，设置完成后单击"确定"按钮完成操作，如图 17-60 所示。效果如图 17-61 所示。

图 17-60　　　　　　图 17-61

步骤 03 单击工具箱中的"自定形状工具"按钮，在选项栏中设置"绘制模式"为"形状"，"填充"为白色，"描边"为无，在"形状"下拉菜单中选择"购物车"图案，设置完成后在蓝色正圆上方绘制形状，如图 17-62 所示。

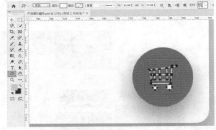

图 17-62

步骤 04 执行"文件 > 置入嵌入的对象"命令，将素材 1.jpg 置入画面中。调整大小放在画面的右上角位置，并将该图层进行栅格化处理，如图 17-63 所示。

步骤 05 本案例中需要的是素材中的花朵，所以需要将素材中的其他部分隐藏。单击工具箱中的"快速选择工具"按钮，在选项栏中单击"添加到选区"按钮，设置大小合适的笔尖，设置完成后将光标放在花朵上方按住鼠标左键拖动得到选区，如图 17-64 所示。

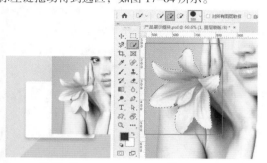

图 17-63　　　　　　　图 17-64

步骤 06 在当前选区状态下，为该图层添加图层蒙版将其他部分隐藏，如图 17-65 所示。效果如图 17-66 所示。

图 17-65　　　　　　　图 17-66

步骤 07 在画面中添加文字。单击工具箱中的"横排文字工具"按钮，在选项栏中设置合适的"字体""字号"和"颜色"，设置完成后在画面中单击输入文字，如图 17-67 所示。文字输入完成后按 Ctrl+Enter 组合键完成操作。然后使用同样的方式输入其他文字。效果如图 17-68 所示。

图 17-67　　　　　　　图 17-68

步骤 08 在文字中间添加一些细节，让画面更加丰富。单击工具箱中的"椭圆工具"按钮，在选项栏中设置"绘制模式"为"形状"，"填充"为无，"描边"为橘色，"描边大小"为 3 点，设置完成后在画面中按住 Shift 键的同时按住鼠标左键拖动绘制一个正圆，如图 17-69 所示。

然后使用同样的方式绘制其他正圆，如图 17-70 所示。此时本案例制作完成，效果如图 17-71 所示。

图 17-69

图 17-70　　　　　图 17-71

17.3　女装轮播图

文件路径	资源包\第17章\练习实例：女装轮播图
难易指数	★★★★★
技术掌握	椭圆工具、自定形状工具、图层样式

案例效果

案例效果如图 17-72 所示。

扫一扫，看视频

图 17-72

操作步骤

Part 1　制作轮播图背景

步骤 01 执行"文件>新建"命令，创建一个空白文档，如图 17-73 所示。

图 17-73

步骤 02 为背景填充颜色。单击工具箱底部的"前景色"按钮，在弹出的"拾色器"窗口中设置"颜色"为黄色，然后单击"确定"按钮，如图 17-74 所示。在"图层"面板中选择背景图层，使用"前景色填充"组合键 Alt+Delete 进行填充，效果如图 17-75 所示。

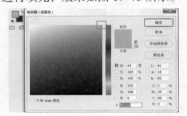

图 17-74

图 17-75

步骤 03 单击工具箱中的"椭圆工具"按钮，在选项栏中设置"绘制模式"为"形状"，"填充"为蓝色，"描边"为无。设置完成后在画面的左下角按住 Shift+Alt 组合键的同时按住鼠标左键拖动绘制一个正圆形，如图 17-76 所示。接着绘制一个稍小的红色正圆，如图 17-77 所示。

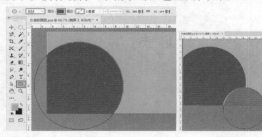

图 17-76   图 17-77

Part 2　添加文字内容

步骤 01 制作主体文字。单击工具箱中的"横排文字工具"按钮，在选项栏中设置合适的"字体""字号"，文字"颜色"设置为白色，设置完成后在画面右侧单击鼠标建立文字输入的起始点，接着输入文字，文字输入完毕后按 Ctrl+Enter 组合键，如图 17-78 所示。

图 17-78

步骤 02 为文字制作投影。在"图层"面板中选中文字图层，执行"图层 > 图层样式 > 投影"命令，在"图层样式"窗口中设置"混合模式"为"正常"，"颜色"为暗橘色，"不透明度"为 31%，"角度"为 120 度，"距离"为 19 像素，"大小"为 6 像素，参数设置如图 17-79 所示。设置完成后单击"确定"按钮，效果如图 17-80 所示。

图 17-79   图 17-80

步骤 03 复制该文字图层，向下移动，并更改文字内容和字号，如图 17-81 所示。

图 17-81

步骤 04 制作箭头装饰。单击工具箱中的"自定形状工具"按钮，在选项栏中设置"绘制模式"为"形状"，"填充"为黄色，"描边"为无色，选择合适的形状。设置完成后在画面中按住鼠标左键拖动绘制一个箭头图形，如图 17-82 所示。

步骤 05 单击工具箱中的"矩形工具"按钮，在选项栏中设置"绘制模式"为"形状","填充"为黄色,"描边"为无。设置完成后在箭头左侧按住鼠标左键拖动绘制出一个矩形,如图 17-83 所示。

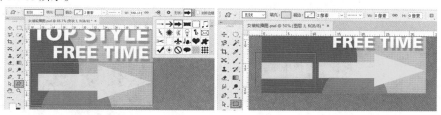

图 17-82   图 17-83

步骤 06 单击工具箱中的"横排文字工具"按钮,在选项栏中设置合适的"字体""字号",文字"颜色"设置为红色,设置完成后在箭头上方合适的位置单击鼠标建立文字输入的起始点,接着输入文字,文字输入完成后按 Ctrl+Enter 组合键,如图 17-84 所示。继续使用同样的方式制作左侧文字,效果如图 17-85 所示。

图 17-84   图 17-85

步骤 07 单击工具箱中的"矩形工具"按钮,在选项栏中设置"绘制模式"为"形状","填充"为红色,"描边"为无。设置完成后在画面右上角位置按住鼠标左键拖动绘制出一个矩形,如图 17-86 所示。继续使用制作文字的方式制作粉红色矩形上方的文字,效果如图 17-87 所示。

图 17-86   图 17-87

Part 3 彩色碎片

步骤 01 制作彩色碎片效果。首先需要定义画笔。将所有图层隐藏,然后单击工具箱中的"多边形套索工具"按钮,以单击的方式绘制一个四边形选区,如图 17-88 所示。新建图层,接着将"前景色"设置为黑色,使用"前景色填充"组合键 Alt+Delete 进行填充,效果如图 17-89 所示。接着使用组合键 Ctrl+D 取消选区。

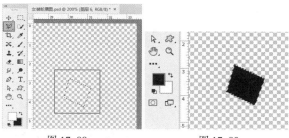

图 17-88   图 17-89

步骤 02 在"图层"面板中将除黑色图形以外其他图层隐藏,单击工具箱中的"矩形选框工具"按钮,在黑色图形上方绘制选区,如图 17-90 所示。接着执行"编辑>定义画笔预设"命令,在弹出的"画笔名称"窗口中将其命名为"方块",单击"确定"按钮,如图 17-91 所示。

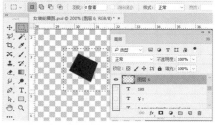

图 17-90

图 17-91

步骤 03 单击工具箱中的"画笔工具"按钮，在选项栏中单击☑按钮，在弹出的"画笔设置"面板中选择刚制作的"方块"画笔，设置"大小"为 42 像素，"间距"为 210%。参数设置如图 17-92 所示。接着在面板中勾选"形状动态"复选框单击进入设置，设置"大小抖动"为 100%，"最小直径"为 0%，"角度抖动"为 28%，"圆角抖动"为 50%，"最小圆度"为 1%，在面板下方预览画笔效果。参数设置如图 17-93 所示。接着在面板中勾选"散布"复选框单击进入设置，设置"散布"为 1000%，"数量"为 2，"数量抖动"为 14%，在面板下方预览画笔效果。设置参数如图 17-94 所示。

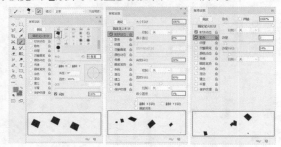

图 17-92   图 17-93   图 17-94

步骤 04 在工具箱底部设置"前景色"为粉色，"背景色"为蓝色，接着在"画笔设置"面板中勾选"颜色动态"复选框，单击进入设置，勾选"应用每笔尖"复选框，设置"前景/背景抖动"为 11%，"色相抖动"为 100%，"饱和度抖动"为 21%，"亮度抖动"为 12%，"纯度"为 +43%，在面板下方预览画笔效果。参数设置如图 17-95 所示。继续在面板中勾选"传递"复选框单击进入设置，设置"不透明度抖动"为 72%，在面板下方预览画笔效果。参数设置如图 17-96 所示。

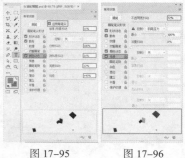

图 17-95   图 17-96

步骤 05 设置完成后，将黑色方块图层隐藏，创建一个新图层，然后在画面上方按住鼠标拖动进行绘制，即可得到彩色的碎片，如图 17-97 所示。

图 17-97

Part 4   添加人物

步骤 01 执行"文件 > 置入嵌入的对象"命令，将人物素材"1.png"置入画面中，如图 17-98 所示。调整其大小及位置后按 Enter 键完成置入。在"图层"面板中右击该图层，在弹出的快捷菜单中执行"栅格化图层"命令。

图 17-98

步骤 02 调亮人物图像。执行"图层 > 新建调整图层 > 曲线"命令，在弹出的"新建图层"窗口中单击"确定"按钮。接着在"属性"面板中，在曲线中间调和高光的位置依次单击添加控制点，然后将其向上方拖动，在曲线阴影的位置单击添加控制点，将其向右下方拖动，单击☑按钮使调色效果只针对下方图层，如图 17-99 所示。画面效果如图 17-100 所示。

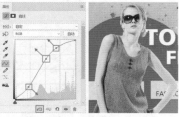

图 17-99   图 17-100

步骤 03 在"图层"面板中选中之前绘制的碎片图层，

使用组合键 Ctrl+J 复制出一个相同的图层，然后在"图层"面板中将其移至面板的顶部，如图 17-101 所示。案例完成效果如图 17-102 所示。

图 17-101　　　　　　图 17-102

17.4 相机通栏广告

文件路径	资源包 \ 第 17 章 \ 相机通栏广告
难易指数	★★★★★
技术掌握	剪贴蒙版、预设管理器、图层样式

扫一扫，看视频

案例效果

案例效果如图 17-103 所示。

图 17-103

操作步骤

Part 1　背景与主体物

步骤 01 执行"文件 > 新建"命令，创建一个"宽度"为 1920px，"高度"为 720px，"分辨率"为 72px 的空白文档，如图 17-104 所示。

图 17-104

步骤 02 单击工具箱底部的"前景色"按钮，在弹出的

"拾色器"窗口中设置"颜色"为青色，然后单击"确定"按钮。在"图层"面板中选择背景图层，使用"前景色填充"组合键 Alt+Delete 进行填充，效果如图 17-105 所示。

图 17-105

步骤 03 新建图层，单击工具箱中的"多边形套索工具"按钮，在画面右侧绘制一个四边形选区，如图 17-106 所示。设置"前景色"为黄色，然后使用组合键 Alt+Delete 进行填充，如图 17-107 所示。

图 17-106

图 17-107

步骤 04 执行"文件 > 置入嵌入的对象"命令，将素材 1.png 置入画面中，调整其大小及位置如图 17-108 所示。然后按 Enter 键完成置入。在"图层"面板中右击该图层，在弹出的快捷菜单中执行"栅格化图层"命令。

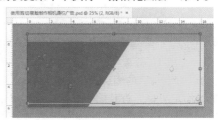

图 17-108

步骤 05 单击工具箱中的"椭圆工具"按钮，在选项栏中设置"绘制模式"为"形状"，"填充"为无，"描边"为墨绿色，"描边粗细"为 7 点。设置完成后在画面中间位置按住 Shift+Alt 组合键的同时按住鼠标左键拖动绘

制一个正圆形边框，如图 17-109 所示。

图 17-109

步骤 06 在"图层"面板中选中正圆图层，执行"图层 > 图层样式 > 投影"命令，在"图层样式"窗口中设置"混合模式"为"正片叠底"，"颜色"为蓝色，"不透明度"为 29%，"角度"为 30 度，"距离"为 42 像素，"大小"为 16 像素，参数设置如图 17-110 所示。设置完成后单击"确定"按钮，效果如图 17-111 所示。

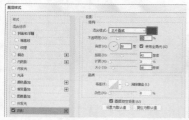 

图 17-110　　　　　　　　图 17-111

步骤 07 向画面中合适的位置置入相机素材调整其大小并将其旋转至合适的角度，如图 17-112 所示。然后按 Enter 键完成置入并将其栅格化。

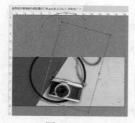

图 17-112

步骤 08 在"图层"面板中选中相机图层，使用组合键 Ctrl+J 复制出一个相同的图层，接着使用自由变换组合键 Ctrl+T 调出定界框，将其缩小并旋转至合适的角度，如图 17-113 所示。调整完成后按 Enter 键结束变换。在"图层"面板中选中复制出的相机图层，将其移至原相机图层的下方。画面效果如图 17-114 所示。

图 17-113　　　　　　　　图 17-114

Part 2　文字与前景装饰

步骤 01 制作主体文字。单击工具箱中的"横排文字工具"按钮，在选项栏中设置合适的"字体""字号"，文字"颜色"设置为白色，设置完成后在画面中合适的位置单击鼠标建立文字输入的起始点，接着输入文字，文字输入完毕后按组合键 Ctrl+Enter，如图 17-115 所示。

图 17-115

步骤 02 单击工具箱中的"矩形工具"按钮，在选项栏中设置"绘制模式"为"形状"，"填充"为黄色，"描边"为无。设置完成后在主体文字上方按住鼠标左键拖动绘制出一个矩形，如图 17-116 所示。接着使用"自由变换"组合键 Ctrl+T 调出定界框，将其旋转至合适的角度，如图 17-117 所示。图形调整完成后按 Enter 键结束变换。

 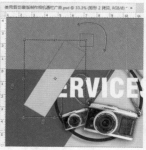

图 17-116　　　　　　　　图 17-117

步骤 03 使用"预设管理器"载入图案。执行"编辑 > 预设 > 预设管理器"命令，在弹出的"预设管理器"窗口中设置"预设类型"为"图案"，单击"载入"按钮，在弹出的"载入"窗口中选择需要载入的图案文件，然后单击"载入"按钮。在"预设管理器"窗口中单击"确定"按钮，如图 17-118 所示。图案载入完成。

图 17-118

步骤 04 在"图层"面板中选择黄色矩形图层，接着执行"图层 > 图层样式 > 图案叠加"命令，在"图层样式"窗口中设置"混合模式"为"正片叠底"，"不透明度"为 35%，选择刚载入的"图案"，设置"缩放"为 221%，参数设置如图 17-119 所示。效果如图 17-120 所示。

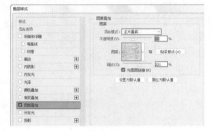

图 17-119

图 17-120

步骤 05 在"图层"面板中选中黄色矩形图层，使用组合键 Ctrl+J 复制出一个相同的图层，然后将其向右拖动，如图 17-121 所示。接着在选项栏中设置"填充"为绿色，效果如图 17-122 所示。

图 17-121

图 17-122

步骤 06 在"图层"面板中按住 Ctrl 键依次单击加选刚制作出的两个矩形，右击，在弹出的快捷菜单中执行"创建剪贴蒙版"命令，如图 17-123 所示。画面效果如图 17-124 所示。

图 17-123

图 17-124

步骤 07 单击工具箱中的"横排文字工具"按钮，在选项栏中设置合适的"字体""字号"，文字"颜色"设置为橘黄色，设置完成后在画面中合适的位置单击鼠标建立文字输入的起始点，接着输入文字，文字输入完成后按 Ctrl+Enter 组合键，如图 17-125 所示。继续使用同样的方式输入数字前方的￥，然后将其旋转至合适的角度，如图 17-126 所示。

图 17-125　　　　　　　　图 17-126

步骤 08 在"图层"面板中按住 Ctrl 键依次单击加选刚制作出的两个文字图层，然后使用编组组合键 Ctrl+G 将加选图层编组并命名为"组 1"，如图 17-127 所示。

图 17-127

步骤 09 为此处文字添加图案。在"图层"面板中选中原相机图层，使用组合键 Ctrl+J 复制出一个相同的图层，然后将其向右下方拖动，如图 17-128 所示。在"图层"面板中将复制出的相机图层移至面板的顶端，在面板中设置"混合模式"为"正片叠底"，如图 17-129 所示。

图 17-128　　　　　　　图 17-129

步骤 10 选中刚复制出的相机图层，执行"图层 > 创建剪贴蒙版"命令，画面效果如图 17-130 所示。

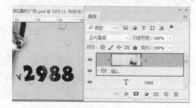

图 17-130

步骤 11 置入花朵素材，调整其大小并摆放在画面的左下角，将其栅格化，如图 17-131 所示。

图 17-131

步骤 12 在"图层"面板中选中"花朵"图层，使用组合键 Ctrl+J 复制出一个相同的图层，然后将其移至画面的右上方，使用自由变换组合键 Ctrl+T 调出定界框并将其缩小，如图 17-132 所示。保持定界框还在的状态下，按住 Shift 键将花朵素材旋转至合适的角度，如图 17-133 所示。调整完成后按 Enter 键结束变换。

图 17-132　　　　　　　图 17-133

步骤 13 选中右上角的花朵素材，然后执行"滤镜 > 模糊 > 高斯模糊"命令，在弹出的"高斯模糊"窗口中设置"半径"为 3.2 像素，单击"确定"按钮，如图 17-134 所示。效果如图 17-135 所示。

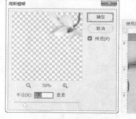

图 17-134　　　　　　　图 17-135

步骤 14 案例字体效果如图 17-136 所示。

图 17-136

17.5 儿童产品网店首页设计

文件路径	资源包\第17章\儿童产品网店首页设计
难易指数	★★★★★
技术掌握	图层样式、调整图层、钢笔工具、网页切片、切片输出

案例效果

案例效果如图 17-137 所示。

扫一扫，看视频

图 17-137

操作步骤

Part 1　制作店招及导航栏

步骤 01 执行"文件 > 新建"命令，创建一个"高度"为 3000px，"宽度"为 1920px，"分辨率"为 72 像素 / 英寸，"颜色模式"为 RGB 的空白文档，如图 17-138 所示。

图 17-138

步骤 02 制作店招。单击工具箱中的"矩形工具"按钮，在选项栏中设置"绘制模式"为"形状"，"填充"为黄色，"描边"为无。设置完成后在画面上方按住鼠标左键拖动绘制出一个矩形，如图 17-139 所示。

图 17-139

步骤 03 单击工具箱中的"横排文字工具"按钮，在选项栏中设置合适的"字体""字号"，文字"颜色"设置为橘色，设置完成后在黄色矩形上方合适的位置单击鼠标建立文字输入的起始点，接着输入文字，文字输入完成后按 Ctrl+Enter 组合键，如图 17-140 所示。继续使用同样的方式输入下方小字，如图 17-141 所示。

图 17-140　　　　　　图 17-141

步骤 04 单击工具箱中的"钢笔工具"按钮，在选项栏中设置"绘制模式"为"形状"，"填充"为无，"描边"为橘色，"描边粗细"为 1 点。设置完成后在文字中间按住 Shift 键的同时按住鼠标拖动绘制直线，如图 17-142 所示。在"图层"面板中选中直线图层，使用组合键 Ctrl+J 复制出一个相同的图层，单击工具箱中的"移动工具"按钮，然后按住 Shift 键的同时按住鼠标左键将其向下拖动，进行垂直移动的操作，如图 17-143 所示。

图 17-142　　　　　　图 17-143

步骤 05 制作店铺"搜索"区域。单击工具箱中的"圆角矩形工具"按钮，在选项栏中设置"绘制模式"为"形状"，"填充"为白色，"描边"为无，"半径"为 20.5 像素，设置完成后在画面中合适的位置按住鼠标左键拖动绘制一个圆角矩形。效果如图 17-144 所示。

步骤 06 单击工具箱中的"自定形状工具"按钮，接着在选项栏中设置"绘制模式"为"形状"，"填充"为浅灰色，"描边"为无，选择合适的形状。设置完成后在白色圆角矩形右侧按住 Shift 键的同时按住鼠标左键拖动绘制一个图形，如图 17-145 所示。

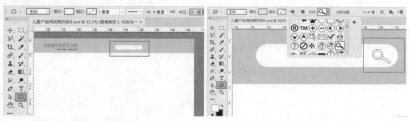

图 17-144   图 17-145

步骤 07 执行"文件 > 置入嵌入的对象"命令，将风景素材 1.png 置入画面中文字的左侧，调整其大小及位置后按 Enter 键完成置入。在"图层"面板中右击该图层，在弹出的快捷菜单中执行"栅格化图层"命令，如图 17-146 所示。继续使用同样的方式将热气球素材置入画面中合适的位置并将其栅格化，如图 17-147 所示。

图 17-146   图 17-147

步骤 08 制作导航栏。单击工具箱中的"横排文字工具"按钮，在选项栏中设置合适的"字体""字号"，文字"颜色"设置为深褐色，设置完成后在画面中合适的位置单击鼠标建立文字输入的起始点，接着输入文字，文字输入完成后按组合键 Ctrl+Enter 键，如图 17-148 所示。继续使用同样的方式输入后方其他文字，如图 17-149 所示。

图 17-148   图 17-149

步骤 09 单击工具箱中的"钢笔工具"按钮，在选项栏中设置"绘制模式"为"形状"，"填充"为无，"描边"为橘色，"描边粗细"为 4 像素。设置完成后在刚制作的文字下方按住 Shift 键的同时按住鼠标拖动绘制直线，如图 17-150 所示。使用同样的方式将文字中间位置的竖线绘制出来，如图 17-151 所示。

图 17-150   图 17-151

Part 2　制作首页广告

步骤 01 创建一个新图层，单击工具箱中的"矩形选框工具"按钮，然后在画面中合适的位置按住鼠标左键拖动绘制一个矩形选区，如图 17-152 所示。

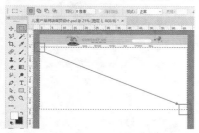

图 17-152

步骤 02 单击工具箱中的"渐变工具"按钮，单击选项栏中的渐变色条，在弹出的"渐变编辑器"窗口中编辑一个由白色到浅黄色的渐变，颜色编辑完成后单击"确定"按钮，接着在选项栏中单击"径向渐变"按钮，如图 17-153 所示。在"图层"面板中选中新图层，回到画面中按住鼠标左键拖动填充渐变，释放鼠标后完成渐变填充操作，如图 17-154 所示。接着使用组合键 Ctrl+D 取消选区。

图 17-153

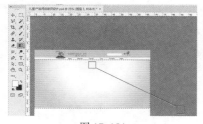

图 17-154

步骤 03 将素材 3.png 置入画面中合适的位置，并调整其大小，如图 17-155 所示。然后将其栅格化。接着执行"图层 > 创建剪贴蒙版"命令，画面效果如图 17-156 所示。

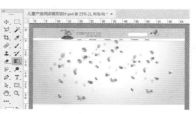

图 17-155

图 17-156

步骤 04 单击工具箱中的"钢笔工具"按钮，在选项栏中设置"绘制模式"为"路径"，在画面中绘制一段曲线路径，如图 17-157 所示。单击工具箱中的"横排文字工具"按钮，在选项栏中设置合适的"字体""字号"，文字"颜色"设置为咖啡色，设置完成后在路径上方单击鼠标建立文字输入的起始点，接着输入文字，文字输入完成后按 Ctrl+Enter 组合键，如图 17-158 所示。

图 17-157

图 17-158

步骤 05 在"图层"面板中选中刚制作的文字图层，执行"图层 > 图层样式 > 图案叠加"命令，在"图层样式"窗口中设置"混合模式"为"正常"，"不透明度"

为 21%，选择合适的图案，设置"缩放"为 27%，参数设置如图 17-159 所示。设置完成后单击"确定"按钮，效果如图 17-160 所示。

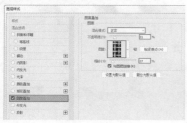

图 17-159　　　　　　　图 17-160

步骤 06 执行"文件 > 置入嵌入的对象"命令，将蓝色海水素材 4.png 置入画面中，调整其大小及位置后按 Enter 键完成置入。在"图层"面板中右击该图层，在弹出的快捷菜单中执行"栅格化图层"命令，如图 17-161 所示。继续使用同样的方式将花朵素材置入画面中合适的位置并将其栅格化，如图 17-162 所示。

图 17-161　　　　　　　图 17-162

步骤 07 在"图层"面板中选中"花朵"图层，使用组合键 Ctrl+J 复制出一个相同的图层，然后将其向右下方拖动，如图 17-163 所示。在"图层"面板中选中复制出的"花朵"图层，设置"不透明度"为 70%，如图 17-164 所示。

图 17-163　　　　　　　图 17-164

步骤 08 继续使用同样的方式将花朵素材再次复制一份并移动到左侧，接着使用自由变换组合键 Ctrl+T 调出定界框，将其旋转至合适的角度，如图 17-165 所示。图形调整完成后按 Enter 键结束变换。继续使用同样的方式复制并移动花朵素材，接着使用自由变换组合键

Ctrl+T 调出定界框将其缩小一点，如图 17-166 所示。图形调整完成后按 Enter 键结束变换。使用同样的方式制作左侧最后一朵花，如图 17-167 所示。

图 17-165

图 17-166　　　　　　　图 17-167

步骤 09 执行"文件 > 置入嵌入的对象"命令，将婴儿素材 6.jpg 置入花朵素材上方，调整其大小及位置后按 Enter 键完成置入并将其栅格化，如图 17-168 所示。

图 17-168

步骤 10 单击工具箱中的"钢笔工具"按钮，在选项栏中设置"绘制模式"为"路径"，接着沿婴儿毛巾外轮廓绘制路径，路径绘制完成后按 Ctrl+Enter 组合键，快速将路径转换为选区，如图 17-169 所示。在"图层"面板中选中婴儿素材图层，单击面板下方的"添加图层蒙版"按钮，此时选区以外的部分被隐藏，如图 17-170 所示。

图 17-169

图 17-170

步骤 11 制作婴儿的投影。在"图层"面板中婴儿素材

下方创建一个新图层,单击工具箱中的"画笔工具"按钮,在选项栏中单击,打开"画笔预设"选取器,在下拉面板中选择一个柔边圆画笔,设置画笔"大小"为 125 像素,设置"硬度"为 0%,如图 17-171 所示。单击工具箱底部的"前景色"按钮,在弹出的"拾色器"(前景色)窗口中设置"颜色"为深蓝,然后单击"确定"按钮,如图 17-172 所示。选择刚创建的空白图层,在左侧毛巾位置按住鼠标左键进行拖动。投影绘制完成效果如图 17-173 所示。

图 17-171   图 17-172   图 17-173

步骤 12 提高婴儿皮肤亮度。选中婴儿素材图层,执行"图层 > 新建调整图层 > 曲线"命令,在弹出的"新建图层"窗口中单击"确定"按钮。接着在曲线中间的位置单击添加控制点,然后将其向左上方拖动提高画面的亮度,在曲线阴影位置单击添加控制点,然后将其向右下方拖动提高画面的对比度,然后单击 按钮使调色效果只针对下方图层,如图 17-174 所示。画面效果如图 17-175 所示。

步骤 13 制作标志。单击工具箱中的"自定形状工具"按钮,接着在选项栏中设置"绘制模式"为"形状","填充"为橘色,"描边"为无,选择合适的形状。设置完成后在画面中合适的位置按住 Shift 键的同时按住鼠标左键拖动绘制一个盾牌图形,如图 17-176 所示。

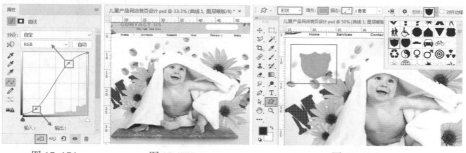

图 17-174   图 17-175   图 17-176

步骤 14 在"图层"面板中选中盾牌图形图层,执行"图层 > 图层样式 > 斜面和浮雕"命令,在"图层样式"窗口中设置"样式"为"内斜面","方法"为"平滑","深度"为 103%,"方向"选中"上"单选按钮,"大小"为 24 像素,"软化"为 8 像素,然后设置"高光模式"为"滤色","颜色"为白色,"不透明度"为 75%,接着设置下方"阴影模式"为"正片叠底","颜色"为暗橘色,"不透明度"为 75%。参数设置如图 17-177 所示。设置完成后单击"确定"按钮,效果如图 17-178 所示。

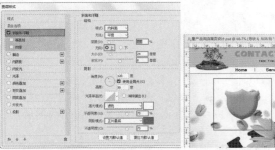

图 17-177　　　　　　　　　图 17-178

步骤 15 使用之前制作文字的方式输入盾牌图形上方文字，如图 17-179 所示。

图 17-179

步骤 16 制作标题。单击工具箱中的"钢笔工具"按钮，在选项栏中设置"绘制模式"为"形状"，"填充"为绿色，"描边"为无，设置完成后在画面中合适的位置绘制"山"形状图形，如图 17-180 所示。使用工具箱中的"椭圆工具"，在选项栏中设置"绘制模式"为"形状"，"填充"为红色，"描边"为无。设置完成后在画面中合适的位置按住 Shift+Alt 组合键的同时按住鼠标左键拖动绘制一个正圆形，如图 17-181 所示。

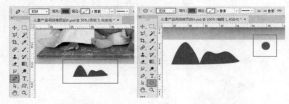

图 17-180　　　　　　　　　图 17-181

步骤 17 单击工具箱中的"圆角矩形工具"按钮，在选项栏中设置"绘制模式"为"形状"，单击选项栏中的"填充"按钮，在下拉面板中单击"渐变"按钮，然后编辑一个橘色系的渐变颜色，设置"渐变类型"为"线性渐变"，设置"渐变角度"为 0。接着回到选项栏中设置"描边"为无，"半径"为 31 像素，然后在"山"形状上方按住鼠标拖动绘制一个圆角矩形。效果如图 17-182 所示。使用之前制作文字的方法输入渐变圆角矩形上方文字，如图 17-183 所示。

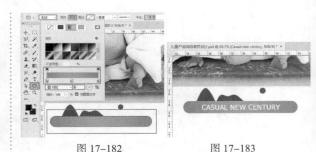

图 17-182　　　　　　　　　图 17-183

Part 3　制作底栏

步骤 01 单击工具箱中的"钢笔工具"按钮，在选项栏中设置"绘制模式"为"形状"，"填充"为浅橘色，"描边"为无，设置完成后在画面右下角位置进行绘制，如图 17-184 所示。继续使用同样的方式将左侧浅黄色图形绘制出来，如图 17-185 所示。

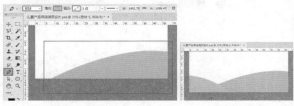

图 17-184　　　　　　　　　图 17-185

步骤 02 在工具箱中单击"自定形状工具"按钮，接着在选项栏中设置"绘制模式"为"形状"，"填充"为浅黄色，"描边"为无，选择合适的形状。设置完成后在画面中合适的位置按住 Shift 键的同时按住鼠标左键拖动绘制一个花朵图形，如图 17-186 所示。在"图层"面板中选中花朵图形图层，使用组合键 Ctrl+J 复制出一个相同的图层，然后将其向右侧拖动，如图 17-187 所示。

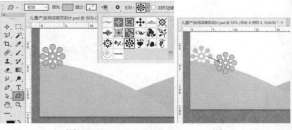

图 17-186　　　　　　　　　图 17-187

步骤 03 继续使用同样的方式将右侧其他花朵图形作出来并摆放在合适的位置，更改右侧的花朵颜色，如图 17-188 所示。单击工具箱中的"矩形工具"按钮，在选项栏中设置"绘制模式"为"形状"，"填充"为淡橘色，"描边"为无。设置完成后在画面下方按住鼠标左键拖动绘制出一个矩形，如图 17-189 所示。

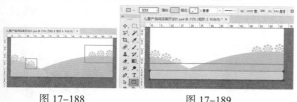

图 17-188　　　　　　　　图 17-189

Part 4　制作商品模块

步骤 01 单击工具箱中的"圆角矩形工具"按钮，在选项栏中设置"绘制模式"为"形状"，"填充"为白色，"描边"为橘色，"描边粗细"为 2 点，"半径"为 10 像素，设置完成后在画面中合适的位置按住鼠标左键拖动绘制一个圆角矩形。效果如图 17-190 所示。

图 17-190

步骤 02 在"图层"面板中选中刚绘制的圆角矩形，执行"图层 > 图层样式 > 投影"命令，在"图层样式"窗口中设置"混合模式"为"正片叠底"，"颜色"为黑色，"不透明度"为 18%，"角度"为 120 度，"距离"为 5 像素，"大小"为 9 像素。参数设置如图 17-191 所示。设置完成后单击"确定"按钮，效果如图 17-192 所示。

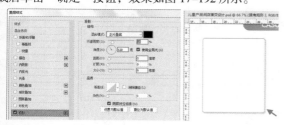

图 17-191　　　　　　　　图 17-192

步骤 03 继续使用同样的方式制作橘色小圆角矩形，如图 17-193 所示。使用之前制作文字的方式输入橘色小圆角矩形上方文字，如图 17-194 所示。

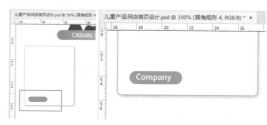

图 17-193　　　　　　　　图 17-194

步骤 04 在"图层"面板中按住 Ctrl 键依次单击加选两个刚绘制的圆角矩形和文字图层，然后使用编组组合键 Ctrl+G 将加选图层编组并命名为 1，如图 17-195 所示。选中 1 图层组，使用组合键 Ctrl+J 复制一个相同的图层组并命名为 2，选中 2 图层组，单击工具箱中的"移动工具"按钮，回到画面中按住 Shift 键将其向右侧移动，如图 17-196 所示。

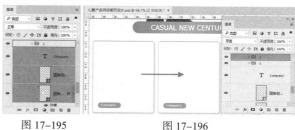

图 17-195　　　　　　　　图 17-196

步骤 05 继续使用同样的方式复制出第三个模块，如图 17-197 所示。

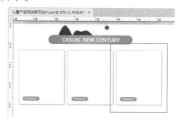

图 17-197

> 💡 **提示：对齐模块**
>
> 　　为了使多个模块能够整齐分布，可以选中这些图层组，并在使用"移动工具"状态下，在选项栏中单击"顶对齐"以及"水平居中分布"按钮。

步骤 06 在"图层"面板中按住 Ctrl 键依次单击加选刚制作的三个图层组，使用组合键 Ctrl+J 复制三个相同的图层组，如图 17-198 所示。接着回到画面中按住 Shift 键将其向下移动，在"图层"面板中分别更改复制出的图层组名字，如图 17-199 所示。

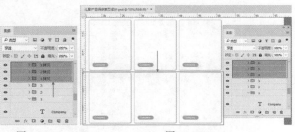

图 17-198　　　　　　　　图 17-199

步骤 07 继续使用同样的方式将下方两排模块复制出来并摆放在合适的位置，如图 17-200 所示。

图 17-200

步骤 08 在第一个模块中置入蛋糕素材，调整大小并将其栅格化，如图 17-201 所示。使用之前制作文字的方式输入蛋糕素材下方的文字，如图 17-202 所示。

Fresh feeling　22g

¥ 9.9

Company

图 17-201　　　　　　　　图 17-202

步骤 09 继续使用同样的方式置入其他模块中的素材，调整大小摆放在合适的位置，输入合适的文字，如图 17-203 所示。

图 17-203

步骤 10 向画面中第一个模块的左侧置入勺子素材，调整其大小将其栅格化，如图 17-204 所示。继续使用同样的方式将其他素材置入画面中，摆放在合适的位置。案例完成效果如图 17-205 所示。

图 17-204　　　　　　　　图 17-205

Part 5　网页切片与输出

网页加载速度的快慢直接影响到用户的体验，为了让图片快速加载下来，需要将一整幅网页图片分割成多张图片然后进行上传，这个过程就叫作"切片"。

步骤 01 首先根据页面内容创建参考线，然后单击工具箱中的"切片工具"按钮，再单击选项栏中的"基于参考线的切片"按钮，如图 17-206 所示。切片效果如图 17-207 所示。

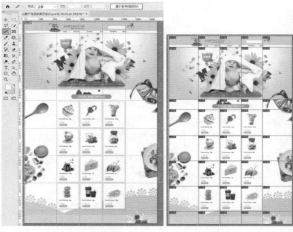

图 17-206　　　　　　　　图 17-207

步骤 02 进行组合切片。单击工具箱中的"切片选择工具"按钮，然后按住 Shift 键单击顶部的切片进行加选。再右击，在弹出的快捷菜单中执行"组合切片"命令，如图 17-208 所示。切片效果如图 17-209 所示。

步骤 03 继续进行组合切片的操作，将通栏广告和底栏部分分别组合在一起，页面两侧的空白区域也各自组合在一起。效果如图 17–210 所示。

图 17–208　　　　　　　　图 17–209　　　　　　　　图 17–210

步骤 04 对已经切片完成的网页执行"文件 > 导出 > 存储为 Web 所用格式(旧版)"命令，打开"存储为 Web 所用格式"窗口，在窗口右侧顶部单击 "预设"下拉列表，在其中可以选择内置的输出预设，单击某一项预设方式，然后单击底部的 "存储"按钮，如图 17–211 所示。接着选择存储的位置，如图 17–212 所示。存储完成后打开存储的文件夹，可以看到切片内容，如图 17–213 所示。

图 17–211　　　　　　　　图 17–212　　　　　　　　图 17–213

步骤 05 在 "存储为 Web 所用格式"窗口中单击 "预览"按钮，可以将网页在浏览器中打开，并进行预览，如图 17–214 所示。

图 17–214

Chapter 18

第18章

App UI 设计

本章内容简介

UI 的全拼为 User Interface，直译就是用户与界面，通常理解为界面的外观设计，但是实际上还包括用户与界面之间的交互关系。我们可以把 UI 设计定义为软件的人机交互、操作逻辑、界面美观的整体设计。对于平面设计师而言，主要负责界面的视觉美化工作。

优秀作品欣赏

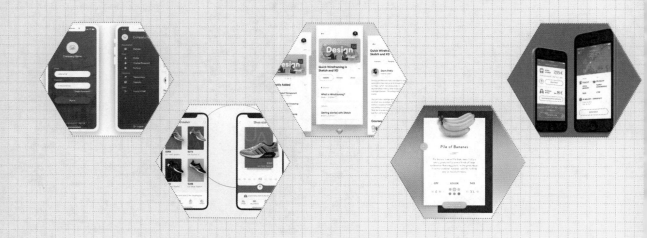

18.1 UI 设计基础知识

UI 设计与"美工"不同，UI 设计是根据使用者、使用环境、使用方式等因素对界面形式进行的设计。一个好的 UI 设计不仅会给人带来舒适的视觉感受，还会拉近人与设备之间的距离。

18.1.1 认识UI设计

UI 的全拼为 User Interface，直译就是用户与界面，通常理解为界面的外观设计，但是实际上还包括用户与界面之间的交互关系。可以把 UI 设计定义为软件的人机交互、操作逻辑、界面美观的整体设计。UI 设计主要应用在计算机客户端和移动客户端，其涵盖范围包括游戏界面、网页界面、软件界面、登录界面等多种类型。如图 18-1 和图 18-2 所示为优秀的 UI 设计作品。对于平面设计师而言，主要负责界面的视觉美化工作。

图 18-1　　　　　　　　图 18-2

提示：什么是用户体验

用户体验简称 UE，一般是指在内容、用户界面、操作流程、交互功能等多个方面对用户使用感觉的设计和研究。这是一种"用户至上"的思维模式，它是完全从用户的角度去进行研究、策划与设计，从而达到最完美的用户体验。UI 与 UE 之间是相互包含、相互影响的关系。

18.1.2 不同平台的UI设计

UI 设计的应用领域非常广泛，例如，我们使用的聊天软件、办公软件、手机 App 在设计过程中都需要进行 UI 设计。按照应用平台类型的不同进行分类，UI 设计可以应用在 C/S 平台、B/S 平台以及 App 平台。

1.C/S 平台

C/S 的英文全拼为 Client/Server，也就是通常所说的 PC 平台。应用在 PC 端的 UI 设计也称为桌面软件设计，

此类软件是安装在计算机上的。例如，安装在计算机中的杀毒软件、游戏软件、设计软件等。如图 18-3 所示为应用在 PC 平台的软件。

图 18-3

2.B/S 平台

B/S 的英文全拼为 Browser /Server，也称为 Web 平台。在 Web 平台中，需要借助浏览器打开 UI 设计的作品，这类作品就是常说的网页设计。B/S 平台分为两种，一种是网站；另一种是 B/C 软件。网站是由多个页面组成的，是网页的集合。访客通过浏览网页来访问网站。例如，淘宝网、新浪网这些都是网站。B/C 软件是一种可以应用在浏览器中的软件，它简化了系统的开发和维护。常见的校务管理系统、企业 ERP 管理系统都是 B/C 软件。如图 18-4 所示为网页设计作品。

3.App 平台

App 的英文全拼为 Application，翻译为应用程序的意思，是安装在手机或掌上电脑上的应用产品。App 也有自己的平台，时下最热门的就是 iOS 平台和 Android 平台。如图 18-5 所示为手机软件 UI 设计。

图 18-4　　　　　　　　图 18-5

18.1.3 UI 设计中主要的职能

UI 设计的职能大体分为交互设计师、图形设计师和用户体验师三个方面。

1. 交互设计师

交互设计师主要研究人与界面之间的关系，工作内容就是设计软件的操作流程、树状结构、软件的结构与操作规范等。交互设计师需要进行原型设计，也就是绘

制线框图。常用的软件为 Word 和 AXURE，如图 18-6 所示。

2. 图形设计师

图形设计师也被称为界面设计师，在业内也会被称为"美工"。界面设计不仅仅需要美术功底，还需要定位使用者、使用环境、使用方式并且为最终用户而设计，是纯粹的科学性的艺术设计。常用的软件有 Photoshop、Illustrator 等，如图 18-7 所示。

图 18-6　　　　　　图 18-7

3. 用户体验师

任何产品为了保证质量都需要进行测试，UI 设计也是如此。这个测试和编码没有任何关系，主要是测试交互设计的合理性以及图形设计的美观性。用户体验师需要与产品设计师共同配合，对产品与交互方面进行改良。

 提示：什么是产品经理

产品经理是整支团队中的核心。他们能够想象出怎样通过应用程序来满足用户需求，以及怎样通过他们设计的模式赢得利益。产品经理需要对内赢得高层领导的认可与允许，对外得到用户的信赖与青睐。

18.1.4　UI设计注意事项

一个 App 的整套 UI 设计方案通常由很多个页面组成，由于工作量大，可能不止一人参与工作。由于需要注意的事项较多，可以由整支团队的领导者先制作出简单易懂、清晰明了的规范，这样可以节省团队时间、提高工作效率。如图 18-8 和图 18-9 所示为一套 UI 设计作品中的不同页面。所以，在设计与制作的过程中要着重注意以下内容。

图 18-8　　　　　　图 18-9

1. 颜色

在 UI 设计作品中，颜色有着非常重要的地位。它包括基础标准色（主色）、基础文字色，还应该包括全局标准色（背景色、分割线色值等），这些颜色都需要事先进行确定，并在以后的设计中进行统一。

2. 尺寸

尺寸包括设计图尺寸和间距尺寸。设计图尺寸就是 UI 设计作品的尺寸，在制图的过程中要统一一个尺寸。间距尺寸包括页边距、模块与模块之间的间距，这种全局的间距大小必须一致。

3. 字体

整个设计作品中字体最好不要超出三种样式，一般在每个项目设计中使用一两个字体样式就够了，然后通过对字体大小或颜色来强调重点文案。此外，还需要注意字间距、行间距、字重对比、字体颜色等问题。

4. 按钮

按钮包括它的大小、色值、圆角半径以及默认、点击、置灰状态，这些都需要进行统一。

5. 整体风格

整个 UI 设计作品风格要进行统一，这样在浏览、翻阅时才能有连贯性，同一家公司的产品 PC 端和移动端的设计风格也要严格统一。

6. 投影

在设计系统中需要定义好投影关系，投影需要定义不同的强度大小，以满足页面中需要，一般通过透明度和投影远近来定义。

7. 图文关系

图片和文字在界面中如何处理，多色调如何运用，黑色图片上放文字怎么处理，白色图片放文字如何处理都是需要去详细定义的。

18.2 联系人列表界面设计

文件路径	资源包 \ 第 18 章 \ 联系人列表界面设计
难易指数	★★★★★
技术掌握	矩形工具、混合模式、图层样式、横排文字工具、自定形状工具

案例效果

案例效果如图 18-10 所示。

扫一扫，看视频

图 18-10

操作步骤

Part 1　制作状态栏和顶栏

步骤 01 执行"文件 > 新建"命令，在弹出的"新建文件"窗口中单击"移动设备"按钮，然后选择 iPhone8/7/6 Plus 尺寸，"方向"选择竖向，"颜色模式"为 RGB，设置完成后单击"创建"按钮创建一个该格式的空白文档，如图 18-11 所示。接着执行"文件 > 置入嵌入的对象"命令，将状态栏素材 9.jpg 置入画面中。调整大小放在画面的最上方位置，并将该图层进行栅格化处理，如图 18-12 所示。

图 18-11　　　　　　　图 18-12

步骤 02 制作手机界面的顶栏。单击工具箱中的"矩形工具"按钮，在选项栏中设置"绘制模式"为"形状"，"填充"为青绿色，"描边"为无，设置完成后在状态栏素材下方位置绘制矩形，如图 18-13 所示。继续使用"矩形工具"在青绿色矩形左侧位置绘制三个小的白色矩形条，如图 18-14 所示。

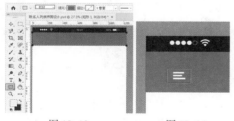

图 18-13　　　　　　　图 18-14

步骤 03 选择青色矩形图层，执行"图层 > 图层样式 > 内发光"命令，在弹出的"图层样式"窗口中设置"混合模式"为"正常"，"不透明度"为 19%，"颜色"为

白色，"方法"为"柔和"，选中"边缘"单选按钮，"阻塞"为 19%，"大小"为 46 像素，"范围"为 50%，操作完成后单击"确定"按钮完成操作，如图 18-15 所示。效果如图 18-16 所示。

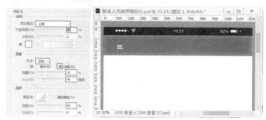

图 18-15　　　　　　　图 18-16

步骤 04 单击工具箱中的"横排文字工具"按钮，在选项栏中设置合适的"字体""字号"和"颜色"，设置完成后在画面中单击输入文字，如图 18-17 所示。文字输入完成后按 Ctrl+Enter 组合键完成操作。然后在"字符"面板中单击"仿粗体"按钮，将文字进行加粗设置。效果如图 18-18 所示。

图 18-17　　　　　　　图 18-18

Part 2　制作联系人列表

步骤 01 单击工具箱中的"矩形工具"按钮，在选项栏中设置"绘制模式"为"形状"，"填充"为浅灰色，"描边"为淡灰色，"大小"为 2 像素。设置完成后在画面上方位置绘制矩形，如图 18-19 所示。然后执行"文件 > 置入嵌入的对象"命令，将人物素材 6.jpg 置入画面中。调整大小放在浅灰色描边矩形左边位置，并将该图层进行栅格化处理，如图 18-20 所示。

图 18-19　　　　　　　图 18-20

步骤 02 继续使用"矩形工具"，在人物上方绘制一个和人物素材等大的矩形，如图 18-21 所示。然后在"图层"面板中设置"不透明度"为 50%，效果如图 18-22 所示。

图 18-21　　　　　图 18-22

步骤 03 单击工具箱中的"椭圆工具"按钮，在选项栏中设置"绘制模式"为"形状"，"填充"为绿色，"描边"为无，设置完成后在浅灰色描边矩形右边位置按住 Shift 键的同时按住鼠标左键拖动绘制正圆，如图 18-23 所示。

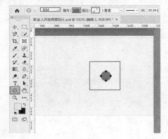

图 18-23

步骤 04 单击工具箱中的"圆角矩形工具"按钮，在选项栏中设置"绘制模式"为"形状"，"填充"为无，"描边"为白色，"大小"为 2 像素，"半径"为 5 像素，设置完成后在绿色正圆上方绘制图形，如图 18-24 所示。

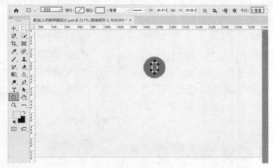

图 18-24

步骤 05 在图形中间添加文字。单击工具箱中的"横排文字工具"按钮，在选项栏中设置合适的"字体""字号"和"颜色"，设置完成后在画面中单击输入文字。文字输入完成后按 Ctrl+Enter 组合键完成操作，如图 18-25 所示。

图 18-25

步骤 06 执行"窗口 > 字符"命令，在弹出的"字符"面板中设置"字符间距"为 5，"垂直缩放"为 130%，"水平缩放"为 120%，单击"仿粗体"按钮将文字全部加粗，如图 18-26 所示。效果如图 18-27 所示。然后使用同样的方式在该文字下方位置继续单击输入文字。效果如图 18-28 所示。将第一组联系人使用到的图层放置在一个图层组中。

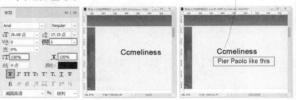

图 18-26　　　　图 18-27　　　　图 18-28

步骤 07 复制第一组联系人的图层组，并依次向下排列摆放，如图 18-29 所示。接着更换每组的图片和文字，删除多余的部分，并添加需要使用的图形。效果如图 18-30 所示。

图 18-29　　　　　图 18-30

步骤 08 在橘色的矩形上方添加一些细节，让画面效果更加丰富。单击工具箱中的"自定形状工具"按钮，在选项栏中设置"绘制模式"为"形状"，"填充"为无，"描边"为白色，"大小"为 3 像素，在"形状"下拉菜单中选择"电话"图案，设置完成后在橘色矩形右边位置绘制形状，如图 18-31 所示。此时该图形带有白色的外框，需要将其去除。单击工具箱中的"直接选择工具"按钮，在图形外框上单击将路径选中，如图 18-32 所示。然后按 Delete 键将其删除，如图 18-33 所示。

图 18-31

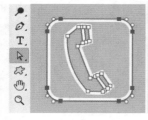 

图 18-32　　　　　　　　图 18-33

步骤 09 使用同样的方式在电话图形右边绘制一个"信封"图案。效果如图 18-34 所示。然后使用"矩形工具"在画面的左侧位置绘制矩形，并设置"不透明度"为 50%。效果如图 18-35 所示。

图 18-34　　　　　　　　图 18-35

步骤 10 在画面的右下角制作一个添加联系人的按钮。单击工具箱中的"椭圆工具"按钮，在选项栏中设置"绘制模式"为"形状"，"填充"为青色，"描边"为无，设置完成后在画面中绘制一个正圆，如图 18-36 所示。然后使用"矩形工具"在该正圆上方绘制图形。效果如图 18-37 所示。

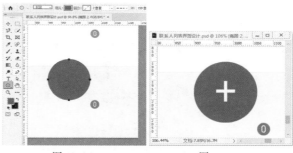

图 18-36　　　　　　　　图 18-37

步骤 11 选择青色正圆图层，执行"图层 > 图层样式 > 投影"命令，在弹出的"图层样式"窗口中设置"混合模式"为"正片叠底"，"颜色"为黑色，"不透明度"为 30%，"角度"为 90 度，"距离"为 7 像素，"扩展"为 9%，"大小"为 27 像素，设置完成后单击"确定"按钮完成操作，如图 18-38 所示。效果如图 18-39 所示。此时联系人列表界面的平面效果图制作完成。效果如图 18-40 所示。然后执行"文件 > 存储为"命令，将该效果图存储为 JPEG 格式以备后面操作使用。

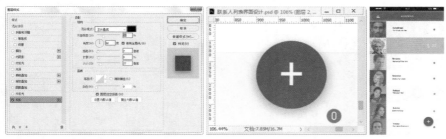

图 18-38　　　　　　　　图 18-39　　　　　　　　图 18-40

Part 3　制作立体展示效果

步骤 01 执行"文件>打开"命令，将背景素材 8.jpg 打开，如图 18-41 所示。然后执行"文件>置入嵌入的对象"命令，将存储为 JPEG 格式的平面效果图置入画面中。调整大小放在背景手机上方位置，并将该图层进行栅格化处理，如图 18-42 所示。

图 18-41　　　　　　　　　　图 18-42

步骤 02 此时置入的平面效果图边缘有多余出来的部分，需要将其隐藏。单击工具箱中的"圆角矩形工具"按钮，在选项栏中设置"绘制模式"为"路径"，"半径"为 60 像素，设置完成后在画面中绘制路径，然后单击建立"选区"按钮将路径转换为选区，如图 18-43 所示。

图 18-43

步骤 03 在当前选区状态下为该图层添加图层蒙版将不需要的部分隐藏，如图 18-44 所示。效果如图 18-45 所示。

图 18-44　　　　　　　　　　图 18-45

步骤 04 制作手机屏幕的高光效果。新建一个图层，单击工具箱中的"多边形套索工具"按钮，在手机左上角位置绘制选区，如图 18-46 所示。

图 18-46

步骤 05 设置"前景色"为白色，单击工具箱中的"渐变工具"按钮，在选项栏中设置"名称"为"前景色到透明渐变"，如图 18-47 所示。然后单击"线性渐变"按钮，设置完成后在选区内填充渐变。操作完成后按 Ctrl+D 组合键取消选区，如图 18-48 所示。

图 18-47　　　　　　　　　　图 18-48

步骤 06 选择该图层，右击，在弹出的快捷菜单中执行"创建剪贴蒙版"命令创建剪贴蒙版，将不需要的部分隐藏。然后设置"不透明度"为 30%，让屏幕反光效果更加真实，如图 18-49 所示。此时联系人列表界面的立体效果制作完成。效果如图 18-50 所示。

图 18-49　　　　　　　　　　图 18-50

18.3　卡通提示模块

文件路径	资源包＼第 18 章＼卡通提示模块
难易指数	★★★★★
技术掌握	高斯模糊、圆角矩形工具、图层样式、钢笔工具

扫一扫，看视频

案例效果

案例对比效果如图 18-51 和图 18-52 所示。

图 18-51　　　　　　　　图 18-52

操作步骤

Part 1　制作提示模块背景

步骤 01 执行"文件＞新建"命令，在弹出的"新建文件"窗口中单击"移动设备"按钮，然后选择 iPhone8/7/6 Plus 尺寸，"方向"选择竖向，"颜色模式"为 RGB，设置完成后单击"创建"按钮创建一个该格式的空白文档，如图 18-53 所示。接着执行"文件＞置入嵌入的对象"命令，将背景素材 1.jpg 置入画面中，调整大小使其覆盖整个画面。然后选择该素材图层，右击，在弹出的快捷菜单中执行"栅格化图层"命令，将该图层进行栅格化处理，如图 18-54 所示。

图 18-53　　　　　　　　图 18-54

步骤 02 选择背景素材图层，执行"滤镜＞模糊＞高斯模糊"命令，在弹出的"高斯模糊"窗口中设置"半径"为 35 像素，设置完成后单击"确定"按钮完成操作，如图 18-55 所示。效果如图 18-56 所示。

图 18-55　　　　图 18-56

步骤 03 单击工具箱中的"圆角矩形工具"按钮，在选项栏中设置"绘制模式"为"形状"，"填充"为橘色，"描边"为无，"半径"为 60 像素，设置完成后在画面中间位置绘制图形，如图 18-57 所示。

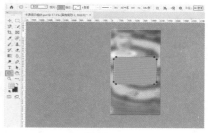

图 18-57

步骤 04 选择绘制完成的圆角矩形，执行"图层＞图层样式＞斜面和浮雕"命令，在弹出的"图层样式"窗口中设置"样式"为"内斜面"，"方法"为"平滑"，"深度"为 62%，"方向"选中"上"单选按钮，"大小"为 24 像素，"软化"为 3 像素，"角度"为 120 度，"高度"为 30 度，"高光模式"为"滤色"，"颜色"为白色，"不透明度"为 75%，"阴影模式"为"正片叠底"，"颜色"为橘色，"不透明度"为 75%，设置完成后单击"确定"按钮完成操作，如图 18-58 所示。效果如图 18-59 所示。

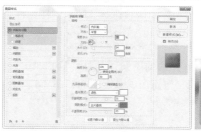

图 18-58　　　　　　　　图 18-59

步骤 05 执行"文件＞置入嵌入的对象"命令，将素材 2.jpg 置入画面中。调整大小放在橘色圆角矩形上方位置，并将该图层进行栅格化处理，如图 18-60 所示。然后选择该素材图层，右击，在弹出的快捷菜单中执行"创建剪贴蒙版"命令创建剪贴蒙版，将不需要的部分隐藏，如图 18-61 所示。

图 18-60   图 18-61

步骤 06 继续选择该素材图层，设置"混合模式"为"滤色"，"不透明度"为 60%，如图 18-62 所示。效果如图 18-63 所示。

图 18-62   图 18-63

步骤 07 继续使用"圆角矩形工具"，在选项栏中设置"绘制模式"为"形状"，"填充"为蓝色系渐变，"样式"为"径向"，"角度"为 90 度，"缩放"为 169%，"描边"为无，"半径"为 40 像素，设置完成后在橘色圆角矩形上方绘制图形，如图 18-64 所示。

图 18-64

步骤 08 选择该圆角矩形图层，执行"图层 > 图层样式 > 图案叠加"命令，在弹出的"图层样式"窗口中设置"混合模式"为"正常"，"不透明度"为 44%，在"图案"下拉菜单中选择一种合适的图案，"缩放"为 55%，设置完成后单击"确定"按钮完成操作，如图 18-65 所示。效果如图 18-66 所示。

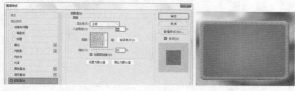

图 18-65   图 18-66

步骤 09 选择该图层，右击，在弹出的快捷菜单中执行"栅格化图层样式"命令，将图层进行栅格化，如

图 18-67 所示。

图 18-67

步骤 10 选择转换为智能对象的图层，执行"滤镜 > 扭曲 > 波浪"命令，在弹出的"波浪"窗口中设置"生成器数"为 1，"波长"最小为 10，最大为 120，"波幅"最小为 5，最大为 35，"比例"水平和垂直均为 100%，选中"正弦"单选按钮，设置完成后单击"确定"按钮完成操作，如图 18-68 所示。效果如图 18-69 所示。

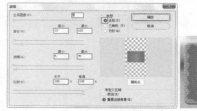

图 18-68   图 18-69

步骤 11 为该图形添加图层样式，让其更具立体感。选择该图形，执行"图层 > 图层样式 > 斜面和浮雕"命令，在弹出的"图层样式"窗口中设置"样式"为"内斜面"，"方法"为"平滑"，"深度"为 53%，"方向"选中"上"单选按钮，"大小"为 27 像素，"软化"为 8 像素，"角度"为 120 度，"高度"为 30 度，"高光模式"为"滤色"，"颜色"为白色，"不透明度"为 75%，"阴影模式"为"正片叠底"，"颜色"为蓝色，"不透明度"为 75%，设置完成后单击"确定"按钮完成操作，如图 18-70 所示。效果如图 18-71 所示。

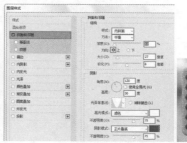

图 18-70   图 18-71

步骤 12 继续启用左侧"图层样式"中的"渐变叠加"

图层样式,设置"混合模式"为"正片叠底","不透明度"为 81%,"渐变"为深蓝色系渐变,"样式"为"径向","角度"为 90 度,"缩放"为 150%,如图 18-72 所示。效果如图 18-73 所示。

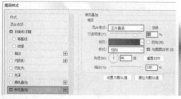 

图 18-72　　　　　　　　图 18-73

步骤 13 启用"图案叠加"图层样式,设置"混合模式"为"正常","不透明度"为 44%,在"图案"下拉菜单中选择一种合适的图案,"缩放"为 55%,设置完成后单击"确定"按钮完成操作,如图 18-74 所示。效果如图 18-75 所示。此时提示模块的背景制作完成。

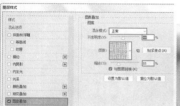 

图 18-74　　　　　　　　图 18-75

Part 2　制作提示文字

步骤 01 单击工具箱中的"钢笔工具"按钮,在选项栏中设置"绘制模式"为"形状","填充"为淡黄色,"描边"为无,设置完成后在画面中绘制形状,如图 18-76 所示。

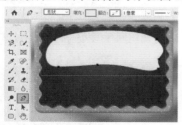

图 18-76

步骤 02 选择该形状图层,执行"图层 > 图层样式 > 内发光"命令,在弹出的"图层样式"窗口中设置"混合模式"为"正常","不透明度"为 81%,"颜色"为橘色,"方法"为"柔和",选中"边缘"单选按钮,"阻塞"为 6%,"大小"为 125 像素,设置完成后单击"确定"按钮完成操作,如图 18-77 所示。效果如图 18-78 所示。

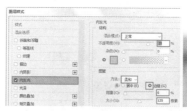 

图 18-77　　　　　　　　图 18-78

步骤 03 在绘制的形状上方添加提示文字。单击工具箱中的"横排文字工具"按钮,在选项栏中设置合适的"字体""字号"和"颜色",设置完成后在画面中单击输入文字,如图 18-79 所示。文字输入完成后按 Ctrl+Enter 组合键完成操作。然后在"字符"面板中单击"仿粗体"按钮,对文字进行加粗设置。效果如图 18-80 所示。

图 18-79　　　　　　　　图 18-80

步骤 04 选择文字图层,执行"图层 > 图层样式 > 内阴影"命令,在弹出的"图层样式"窗口中设置"混合模式"为"正片叠底","颜色"为黑色,"不透明度"为 35%,"角度"为 120 度,"距离"为 3 像素,"大小"为 1 像素,设置完成后单击"确定"按钮完成操作,如图 18-81 所示。效果如图 18-82 所示,此时该模块的提示文字效果制作完成。

图 18-81　　　　　　　　图 18-82

Part 3　制作提示按钮

步骤 01 单击工具箱中的"圆角矩形工具"按钮,在选项栏中设置"绘制模式"为"形状","填充"为红色系渐变,"样式"为"线性","角度"为 90 度,"缩放"为 100%,"描边"为无,"半径"为 67 像素,设置完成后在文字下方位置绘制图形,如图 18-83 所示。接着选择该图层将其复制一份,并调整图层顺序将复制得到的图层放在原有图层的下方，然后在绘制状态下更改颜色，如图 18-84 所示。

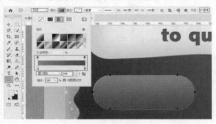

图 18-83

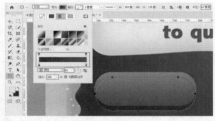

图 18-84

步骤 02 选择复制得到的圆角矩形图层，执行"图层 > 图层样式 > 描边"命令，在弹出的"图层样式"窗口中设置"大小"为 3 像素，"位置"为"外部"，"混合模式"为"正常"，填充"颜色"为深红色，设置完成后单击"确定"按钮完成操作，如图 18-85 所示。效果如图 18-86 所示。

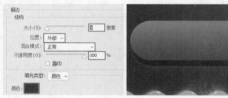

图 18-85   图 18-86

步骤 03 制作按钮左上角的高光效果。单击工具箱中的"钢笔工具"按钮，在选项栏中设置"绘制模式"为"形状"，"填充"为橘色系渐变，"样式"为"线性"，"角度"为 180 度，"缩放"为 100%，"描边"为无，设置完成后在画面中绘制形状，如图 18-87 所示。然后在"图层"面板中设置"不透明度"为 20%，效果如图 18-88 所示。

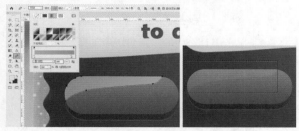

图 18-87   图 18-88

步骤 04 此时可以将圆形复制一份，然后选择一个矢量绘图工具，在选项栏中设置"绘制模式"为"形状"，"填充"为无，"描边"为橘黄色系渐变，"描边粗细"为 3 点，如图 18-89 所示。然后使用"钢笔工具"绘制按钮上的高光，并设置相应的不透明度，使效果更加真实。效果如图 18-90 所示。

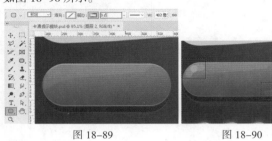

图 18-89   图 18-90

步骤 05 在按钮上方添加文字。单击工具箱中的"横排文字工具"按钮，在选项栏中设置合适的"字体""字号"和"颜色"，设置完成后单击输入文字，如图 18-91 所示。

图 18-91

步骤 06 选择该文字图层，执行"图层 > 图层样式 > 投影"命令，在弹出的"图层样式"窗口中设置"混合模式"为"正常"，"颜色"为深红色，"不透明度"为 100%，"角度"为 120 度，"距离"为 6 像素，设置完成后单击"确定"按钮完成操作，如图 18-92 所示。此时红色的按钮制作完成，然后使用同样的方式制作绿色的按钮。效果如图 18-93 所示。

图 18-92   图 18-93

步骤 07 复制红色按钮的图层，移动到右侧并更改颜色和上方的文字内容。效果如图 18-94 所示。然后执行"文件 > 置入嵌入的对象"命令，将状态栏素材 3.jpg 置入画面中。调整大小放在画面的最上方位置，并将该图层进行栅格化处理。此时卡通提示模块的平面效果图制作完成。效果如图 18-95 所示。执行"文件 > 存储为"命令，将该平面效果图存储为 JPEG 格式，以备后面操作使用。

图 18-94　　　　　　　图 18-95

Part 4　制作立体展示效果

步骤 01 执行"文件 > 打开"命令，将背景素材 4.jpg 打开，如图 18-96 所示。接着执行"文件 > 置入嵌入的对象"命令，将存储为 JPEG 格式的平面效果图置入画面中，并将该图层进行栅格化处理，如图 18-97 所示。

图 18-96　　　　　　　图 18-97

步骤 02 选择该图层，使用自由变换组合键 Ctrl+T 调出定界框，右击，在弹出的快捷菜单中执行"扭曲"命令，对界面四角的控制点进行调整，使其与手机的屏幕边缘相吻合，如图 18-98 所示。操作完成后按下 Enter 键完成操作。此时卡通提示模块的立体展示效果制作完成。效果如图 18-99 所示。

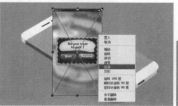

图 18-98　　　　　　　图 18-99

18.4　手机杀毒软件 UI 设计

文件路径	资源包 \ 第 18 章 \ 手机杀毒软件 UI 设计
难易指数	★★★★★
技术掌握	钢笔工具、图层蒙版、渐变工具

案例效果

案例对比效果如图 18-100 和图 18-101 所示。

图 18-100　　　　　图 18-101

扫一扫，看视频

操作步骤

Part 1　制作界面的主体元素

步骤 01 执行"文件 > 新建"命令，在弹出的"新建"窗口中设置"宽度"为 1200px，"高度"为 1697px，"分辨率"为 72px，"颜色模式"为 RGB 模式，"背景内容"为"透明"，单击"创建"按钮，得到新文档。单击工具箱中的"渐变工具"按钮，在选项栏中单击"渐变色条"按钮，在弹出的"渐变编辑器"窗口中编辑一个紫色到粉色的渐变，设置"渐变方式"为"线性渐变"，在画面左下角按住鼠标左键向右上角进行拖曳填充渐变，如图 18-102 所示。

图 18-102

步骤 02 制作渐变正圆。单击工具箱中的"椭圆工具"按钮，在选项栏中设置"绘制模式"为"形状"。单击"填充"按钮，在下拉面板中编辑一个紫色到粉色渐变，设置"渐变类型"为"线性"，"渐变角度"为 90°。单击"描边"按钮设置为无，在画面右侧按 Shift 键的同时按住鼠标左键进行拖曳，绘制正圆，如图 18-103 所示。制作半透明重叠图形，单击工具箱中的"钢笔工具"按钮，在选项栏中设置"绘制模式"为"形状"，单击"填充"按钮，在下拉面板中编辑一个粉色系渐变，设置"渐变类型"为"线性"，"渐变角度"为90°，在画面中绘制形状，如图18-104所示。

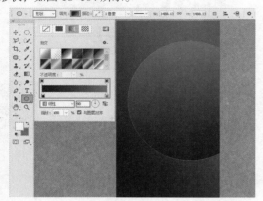

图 18-103

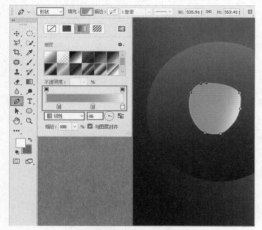

图 18-104

步骤 03 在"图层"面板中设置"不透明度"为80%，如图18-105所示。效果如图18-106所示。使用同样的方式在画面中绘制另外一个渐变颜色的形状，如图18-107所示。

图 18-105

图 18-106　　　图 18-107

步骤 04 单击工具箱中的"钢笔工具"按钮，在选项栏中设置"绘制模式"为"形状"，"填充"为白色，在画面中绘制形状，如图18-108所示。在"图层"面板中设置"不透明度"为60%，如图18-109所示。效果如图18-110所示。

图 18-108

图 18-109　　　图 18-110

步骤 05 单击工具箱中的"圆角矩形工具"按钮，在选项栏中设置"绘制模式"为"形状"，"填充"为无，"描边"为棕色，"描边宽度"为6点，"描边类型"为直线，在画面左侧按住鼠标左键拖曳，绘制圆角矩形框，如图18-111所示。单击工具箱中的"横排文字工具"按钮，在选项栏中设置合适的"字体""字号"，设置"填充"为棕色，在画面中单击并输入文字，然后将文字移到圆角矩形框中，如图18-112所示。

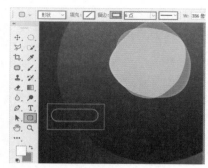

图 18-111

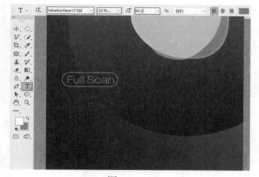

图 18-112

步骤 06 单击工具箱中的"横排文字工具"按钮,在选项栏中设置合适的"字体""字号","填充"为白色,在画面中单击输入文字,如图 18-113 所示。使用同样的方式继续在画面中输入稍小的文字,如图 18-114 所示。

图 18-113

图 18-114

步骤 07 制作画面上方的图标按钮,单击"图层"面板底部的"创建新组"按钮,将图标按钮的图层建立在该组中。单击工具箱中的"圆角矩形工具"按钮,在选项栏中设置"绘制模式"为"形状","填充"为黄色,"描边"为无,"半径"为 10 像素。在画面右上角按住鼠标左键拖曳绘制纵向的形状,如图 18-115 所示。使用同样的方式在画面中右上角绘制横向的圆角矩形,如图 18-116 所示。继续使用同样的方式在画面中左上角绘制圆角矩形,如图 18-117 所示。

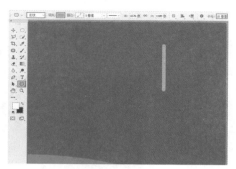

图 18-115

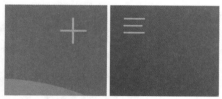

图 18-116　　　　　　图 18-117

步骤 08 为黄色图标添加发光效果。在"图层"面板中选择黄色上角标组,执行"图层 > 图层样式 > 内发光"命令,设置"混合模式"为"滤色","不透明度"为 75%,"杂色"为 0%,"发光颜色"为黄色,"方法"为"柔和","源"选中"边缘"单选按钮,"阻塞"为 0%,"大小"为 5 像素,"范围"为 50%,"抖动"为 0%,单击"确定"按钮完成设置,如图 18-118 所示。效果如图 18-119 所示。

图 18-118　　　　　　图 18-119

步骤 09 单击工具箱中的"钢笔工具"按钮,在选项栏中设置"绘制模式"为"形状",单击"填充"按钮,在下拉面板中编辑一个粉色到黄色渐变,设置"渐变类型"为"线性","渐变角度"为 41°。在画面左上方绘制形状,如图 18-120 所示。

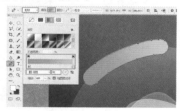

图 18-120

步骤 10 继续使用"钢笔工具"，未选中任何形状对象时，在选项栏中设置"绘制模式"为"形状"，设置"填充"为紫色，在画面中绘制另外一个形状，如图 18-121 所示。在"图层"面板中设置该图层"不透明度"为 50%，如图 18-122 所示。效果如图 18-123 所示。

图 18-121　　　　　　　图 18-122　　　　　　　图 18-123

步骤 11 制作装饰圆环。单击工具箱中的"椭圆工具"按钮，在选项栏中设置"绘制模式"为"形状"，"填充"为无，"描边"为粉色，"描边宽度"为 10 像素，"描边类型"为虚线，在画面右侧位置按住鼠标左键拖曳绘制虚线圆形，如图 18-124 所示。单击"矩形选框工具"按钮，在画面绘制矩形选区，使之包含虚线正圆的左上角，如图 18-125 所示。

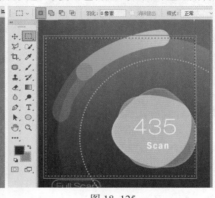

图 18-124　　　　　　　　　　　　　图 18-125

步骤 12 选中该图层，单击"图层"面板底部的"添加图层蒙版"按钮，以当前选区为图层建立图层蒙版，如图 18-126 所示。

图 18-126

步骤 13 单击工具箱中的"画笔工具"按钮，在选项栏中单击"画笔预设"下拉按钮，在"画笔预设"下拉面板中设置"大小"为 50 像素，"硬度"为 100%，设置"前景色"为黑色，接着在图层蒙版中绘制一些黑色区域，使虚线正圆上的几个圆点隐藏，成为一段一段的效果，

如图 18-127 所示。图层蒙版缩略图如图 18-128 所示。

步骤 14 执行"文件 > 置入嵌入的对象"命令，在弹出的"置入嵌入的对象"窗口中选择 1.png，单击"置入"按钮，将其放置在适当位置，按 Enter 键完成置入。执行"图层 > 栅格化 > 智能对象"命令，将该图层栅格化为普通图层，如图 18-129 所示。

图 18-127　　　　图 18-128　　　　图 18-129

步骤 15 单击工具箱中的"横排文字工具"按钮，在选项栏中设置合适的"字体""字号"，设置"填充"为白色，在画面底部的按钮下方单击输入文字，如图 18-130

所示。使用同样的方式在画面中输入其他按钮下的文字，如图 18-131 所示。

图 18-130　　　　　　　　图 18-131

Part 2　制作界面的展示效果

步骤 01 制作界面设计的展示效果。执行"文件 > 打开"命令，打开背景素材 2.jpg，如图 18-132 所示。在界面设计的文档中执行"选择 > 全部"命令，使用合并复制组合键 Ctrl+Shift+C，到新的背景素材文档中使用组合键 Ctrl+V，进行粘贴。使用自由变换组合键 Ctrl+T 将其缩放到合适大小，如图 18-133 所示。

图 18-132　　　　　　　　图 18-133

步骤 02 在图像上右击，在弹出的快捷菜单中执行"扭曲"命令，如图 18-134 所示。将光标定位到各个控制点处，按住鼠标左键并拖动，调整 4 个点的位置，使之与界面形状相匹配。按 Enter 键或单击选项栏中的"提交变换"✓ 按钮完成变换操作，如图 18-135 所示。

图 18-134　　　　　　　　图 18-135

步骤 03 由于软件界面右下角遮挡住了手指，所以需要单击工具箱中的"橡皮擦工具"按钮，设置合适的大小，在右下角处单击并拖动，擦除多余部分，如图 18-136 所示。最终效果如图 18-137 所示。

图 18-136　　　　　　　　图 18-137

18.5　游戏道具购买模块

文件路径	资源包 \ 第 18 章 \ 游戏道具购买模块
难易指数	⭐⭐⭐⭐⭐
技术掌握	圆角矩形工具、矩形工具、图层样式、不透明度

案例效果

案例效果如图 18-138 所示。

扫一扫，看视频

图 18-138

操作步骤

Part 1　绘制简化的手机模型

步骤 01 执行"文件 > 新建"命令，创建一个空白文档。单击工具箱中的"圆角矩形工具"按钮，在选项栏中设置"绘制模式"为"形状"，"填充"为深蓝色系的渐变颜色，"描边"为无，"半径"为 120 像素，设置完成后在画面中间位置按住鼠标左键拖动绘制一个圆角矩形。效果如图 18-139 所示。

图 18-139

步骤 02 继续使用"圆角矩形工具"绘制一个小的黑色的圆角矩形作为听筒，如图 18-140 所示。单击工具箱中的"椭圆形工具"按钮，设置"绘制模式"为"形状"，设置"填充"为黑色，然后在听筒的左侧按住 Shift 键拖动绘制一个正圆，作为摄像头，如图 18-141 所示。

图 18-140　　　　　　　　　　　　　　　图 18-141

步骤 03 再次单击工具箱中的"圆角矩形工具"按钮，设置"绘制模式"为"形状"，"描边"为灰色，"描边粗细"为 5 像素，"半径"为 12.5 像素，然后在界面的底部绘制一个圆角矩形作为 Home 键，如图 18-142 所示。单击工具箱中的"矩形工具"按钮，设置"绘制模式"为"形状"，然后设置"填充"为白色，再绘制一个白色的矩形作为手机的屏幕，如图 18-143 所示。

图 18-142　　　　　　　　　　图 18-143

Part 2　制作界面背景和头像

步骤 01 置入素材 1.jpg 放置在屏幕上方，如图 18-144 所示。选择该图层，执行"滤镜 > 模糊 > 高斯模糊"命令，在弹出的"高斯模糊"窗口中设置"半径"为 50 像素，如图 18-145 所示。设置完成后单击"确定"按钮，效果如图 18-146 所示。

　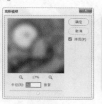　

图 18-144　　　　　图 18-145　　　　　图 18-146

步骤 02 选择素材图层，执行"图层 > 创建剪贴蒙版"

命令，以下方白色矩形图层作为基底图层创建剪贴蒙版。此时画面效果如图 18-147 所示。

图 18-147

步骤 03 执行"图层 > 新建调整图层 > 色相/饱和度"命令，新建一个调整图层，然后设置"明度"为 -22，接着单击 按钮使调整效果只针对下方图层，如图 18-148 所示。此时画面效果如图 18-149 所示。手机部分制作完成，可以加选制作手机的图层，然后使用组合键 Ctrl+G 进行编组。

图 18-148　　　　图 18-149

步骤 04 单击工具箱中的"圆角矩形工具"按钮，设置"绘制模式"为"路径"，"填充颜色"为黄褐色，"描边"为白色，"描边粗细"为 0.5 点，"描边类型"为虚线，"半径"为 50 像素。然后在屏幕上方绘制一个圆角矩形，如图 18-150 所示。

图 18-150

步骤 05 在"图层"面板中选中浅咖啡色圆角矩形图层，执行"图层 > 图层样式 > 内发光"命令，在弹出的"图层样式"窗口中设置"混合模式"为"正常"，"不透明度"为 66%，"颜色"为深咖啡色，"方法"为"柔和"，"源"选中"边缘"单选按钮，"大小"为 65 像素，如图 18-151 所示。在"图层样式"窗口中勾选"预览"复选框，此时效果如图 18-152 所示。

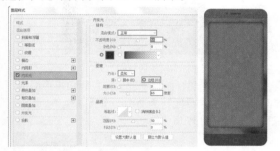

图 18-151　　　　　　　图 18-152

步骤 06 在左侧"图层样式"列表中单击启用"投影"图层样式，设置"混合模式"为"正常"，"颜色"为黑色，"不透明度"为 75%，"角度"为 90 度，"距离"为 36 像素，"大小"为 29 像素，参数设置如图 18-153 所示。设置完成后单击"确定"按钮，效果如图 18-154 所示。

图 18-153　　　　　　　图 18-154

步骤 07 再次置入素材 1.jpg，放在界面的顶部，并调整到合适的大小，如图 18-155 所示。

图 18-155

步骤 08 制作边框。单击工具箱中的"圆角矩形工具"按钮，在选项栏中设置"绘制模式"为"形状"，单击选项栏中的"填充"按钮，设置为无，单击"描边"按钮，在下拉面板中单击"渐变"按钮，然后编辑一个银色金属感的渐变颜色，设置"渐变类型"为"线性"，设置"渐变角度"为 90°。回到选项栏中设置"描边粗细"为 10 点，"半径"为 40 像素，然后在游戏动画素材上方沿着素材绘制一个圆角矩形。效果如图 18-156 所示。继续使用同样的方式绘制最外侧黑色的圆角矩形，"描边粗细"为 25 像素，如图 18-157 所示。

图 18-156

图 18-157

Part 3   制作按钮

步骤 01 制作第一个按钮。在"图层"面板中单击面板下方的"创建新组"按钮，创建一个新组，命名为"按钮1"，如图18-158所示。

图 18-158

步骤 02 制作按钮底色。单击工具箱中的"圆角矩形工具"按钮，在选项栏中设置"绘制模式"为"形状"，"填充"为黑色，"描边"为无，"半径"为30像素，设置完成后在画面合适的位置按住鼠标左键拖动绘制一个圆角矩形。效果如图18-159所示。继续使用同样的方式绘制前方绿色圆角矩形，如图18-160所示。

图 18-159

图 18-160

步骤 03 制作按钮的立体效果。在"图层"面板中选中绿色圆角矩形图层，执行"图层>图层样式>斜面和浮雕"命令，在"图层样式"窗口中设置"样式"为"内斜面"，"方法"为"平滑"，"深度"为317%，"方向"选中"上"单选按钮，"大小"为59像素，"软化"为16像素，然后设置"高光模式"为"滤色"，"颜色"为白色，"不透明度"为75%，接着设置下方"阴影模式"为"正片

叠底"，"颜色"为深绿色，"不透明度"为38%，参数设置如图18-161所示。在"图层样式"窗口中勾选"预览"复选框，此时效果如图18-162所示。

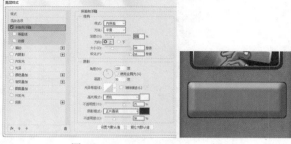

图 18-161   图 18-162

步骤 04 继续使用同样的方式在绿色圆角矩形上绘制一个"半径"为20像素的白色圆角矩形，如图18-163所示。

图 18-163

步骤 05 在"图层"面板中选中白色圆角矩形图层，设置面板中"不透明度"为20%，如图18-164所示。画面效果如图18-165所示。

图 18-164   图 18-165

步骤 06 增加按钮立体感。在"图层"面板中选中白色圆角矩形图层，执行"图层>图层样式>投影"命令，在"图层样式"窗口中设置"混合模式"为"正片叠底"，"颜色"为深咖啡色，"不透明度"为48%，"角度"为90度，"距离"为16像素，"大小"为27像素，参数设置如图18-166所示。设置完成后单击"确定"按钮，效果如图18-167所示。

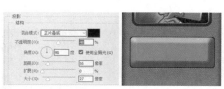

图 18-166　　　　　图 18-167

步骤 07 单击工具箱中的"矩形工具"按钮，在选项栏中设置"绘制模式"为"形状"，"填充"为白色，"描边"为无。设置完成后在画面合适的位置按住鼠标左键拖动绘制出一个矩形，如图 18-168 所示。

图 18-168

步骤 08 在"图层"面板中选中白色矩形图层，设置面板中"不透明度"为 15%，如图 18-169 所示。画面效果如图 18-170 所示。

图 18-169　　　　　图 18-170

步骤 09 制作按钮高光。单击工具箱中的"钢笔工具"按钮，在选项栏中设置"绘制模式"为"形状"，"填充"为白色，"描边"为无。设置完成后在画面合适的位置绘制一个图形，设置面板中"不透明度"为 70%，如图 18-171 所示。

图 18-171

步骤 10 单击工具箱中的"横排文字工具"按钮，在选项栏中设置合适的"字体""字号"，文字"颜色"设置为黑色，设置完成后在画面按钮上方单击鼠标建立文字输入的起始点，接着输入文字，文字输入完成后按组合键 Ctrl+Enter，如图 18-172 所示。

图 18-172

步骤 11 在"图层"面板中选中文字图层，使用组合键 Ctrl+J 复制出一个相同的图层，选中复制出的文字图层，右击，在弹出的快捷菜单中执行"转换为形状"命令，如图 18-173 所示。

图 18-173

步骤 12 在"图层"面板中选中转变为形状的文字图层，在工具箱中单击"任意形状工具"按钮，在选项栏中设置"绘制模式"为"形状"，"填充"为白色，"描边"为黑色，"描边粗细"为 6 点。设置完成后将文字向左上方移动一些，如图 18-174 所示。绿色按钮制作完成后，按住 Ctrl 键依次单击加选制作绿色按钮的图层，使用组合键 Ctrl+G 进行编组。

图 18-174

步骤 13 选中绿色按钮图层组，使用组合键 Ctrl+J 复制出一个相同的图层组，然后按住 Shift 键的同时按钮整体向下移动，如图 18-175 所示。

图 18-175

步骤 14 打开复制的图层组，找到绿色圆角矩形图层，然后双击该图层的缩略图，在弹出的"拾色器（纯色）"窗口中设置"颜色"为橘黄色，如图 18-176 所示。此时按钮效果如图 18-177 所示。

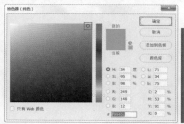

图 18-176　　　　　　图 18-177

步骤 15 调整"斜面和浮雕"图层样式的颜色。选择橘黄色的圆角矩形图层，然后执行"图层 > 图层样式 > 斜面和浮雕"命令，在弹出的窗口中其他参数保持不变，只需将"阴影模式"的"颜色"设置为深褐色，设置完成后单击"确定"按钮，如图 18-178 所示。效果如图 18-179 所示。

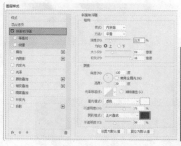

图 18-178　　　　　　图 18-179

步骤 16 在图层组中选择按钮上半部分的半透明白色矩形图层，选中矩形图层，设置面板中的"不透明度"为 20%，如图 18-180 所示。画面效果如图 18-181 所示。

图 18-180　　　　　　图 18-181

步骤 17 将文字进行更改，如图 18-182 所示。

图 18-182

Part 4　制作游戏币栏

步骤 01 制作下方的价格。将素材 2.png 和 3.png 置入文档中，放置在界面的底部，如图 18-183 所示。

图 18-183

步骤 02 选择金币图层，执行"图层 > 图层样式 > 投影"命令，设置"混合模式"为"正常"，"颜色"为黑色，"角度"为 129 度，"距离"为 4 像素，"大小"为 5 像素。设置完成后单击"确定"按钮，如图 18-184 所示。效果如图 18-185 所示。

图 18-184　　　　　　图 18-185

步骤 03 选择金币图层，右击，在弹出的快捷菜单中执行"拷贝图层样式"命令，如图 18-186 所示。然后选择糖果图层，右击，在弹出的快捷菜单中执行"粘贴图层样式"命令，如图 18-187 所示。此时糖果效果如

图 18-188 所示。

图 18-186　　　　图 18-187　　　　图 18-188

步骤 04 在图案的右侧添加文字，并添加"投影"图层样式。效果如图 18-189 所示。接着将状态栏素材 4.png 置入文档中，放置在界面的顶端，如图 18-190 所示。此时整个界面就制作完成了，可以将制作界面的图层加选，然后使用组合键 Ctrl+G 进行编组。

图 18-189　　　图 18-190

Part 5　制作展示效果

步骤 01 为手机添加光泽。在制作高光之前需要将手机图层组合界面图层组加选后使用组合键 Ctrl+G 进行编组。然后新建图层，使用"多边形套索工具"绘制一个多边形选区，然后将其填充为白色，如图 18-191 所示。接着使用组合键 Ctrl+D 取消选区的选择。然后执行"图层 > 创建剪贴蒙版"命令，以下方的图层组作为基底图层创建剪贴蒙版，如图 18-192 所示。

图 18-191　　　　　图 18-192

步骤 02 选择该图层，设置该图层的"不透明度"为 15%，如图 18-193 所示。效果如图 18-194 所示。

图 18-193　　图 18-194

步骤 03 使用同样的方式制作另外两个界面。因为另外两个界面非常相似，在制作的过程中可以将制作好的界面进行复制，然后只更改头像、背景、文字部分即可。效果如图 18-195 所示。

图 18-195

步骤 04 选择一个图层组和其上方的光泽图层，然后使用组合键 Ctrl+Alt+E 进行盖印，如图 18-196 所示。此时得到一个合并图层，如图 18-197 所示。

图 18-196　　　图 18-197

步骤 05 使用同样的方式将另外两个界面进行盖印，然后进行相应的命名，再将原图层隐藏，如图 18-198 所示。接着选中一个界面，使用组合键 Ctrl+T 调出定界框，先将其进行旋转，然后按住 Ctrl 键拖动控制点进行扭曲，如图 18-199 所示。

图 18-198　　　　　图 18-199

步骤 06 继续进行扭曲，扭曲完成后按 Enter 键确定变换操作，如图 18-200 所示。使用同样的方式扭曲另外两个界面，并适当地调整其位置，如图 18-201 所示。

图 18-200　　　　　　图 18-201

步骤 07 选择一个界面图层，执行"图层 > 图层样式 >

投影"命令，在弹出的"图层样式"窗口中设置"混合模式"为"正常"，"颜色"为黑色，"不透明度"为100%，"角度"为129度，"距离"为27像素，"大小"为5像素，如图18-202所示。接着单击该窗口右侧的⊞按钮新建一个"投影"图层样式，然后单击启用下方的"投影"图层样式，设置"混合模式"为"正片叠底"，颜色为黑色，"不透明度"为80%，"角度"为129度，"距离"为22像素，"扩展"为27%，"大小"为73像素，参数设置如图18-203所示。设置完成后单击"确定"按钮，效果如图18-204所示。

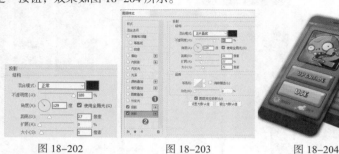

图18-202　　　　　　图18-203　　　　　　图18-204

步骤 08 将图层样式粘贴到另外两个界面图层，效果如图18-205所示。最后将背景素材7.jpg置入文档中，放在背景图层的上一层。本案例完成效果如图18-206所示。

图18-205　　　　　　　　图18-206

Chapter 19
第19章

包装设计

本章内容简介

　　包装是指用来盛放产品的器物。现代包装设计的作用一方面是保护产品，保证在运输、买卖的过程中商品不会受损；另一方面包装具有传达产品信息、促进消费等的内在作用。

优秀作品欣赏

19.1 包装设计概述

包装设计是一门综合学科，其中包括包装造型设计、包装结构设计以及包装装饰设计等，在平面设计中包装设计主要是指包装装饰设计。

19.1.1 认识包装

"包装"是指用来盛放产品的器物。现在包装设计的作用一方面是保护产品，保证在运输、买卖的过程中商品不会受损；另一方面包装具有传达产品信息、促进消费等的内在作用。如图 19-1 和图 19-2 所示为优秀的包装设计作品。产品的包装主要具有以下三种功能。

图 19-1   图 19-2

- 保护功能：保护功能是包装最基本的功能。一件商品从生产到销售，其中要经过多次的运输与搬运。它所要经历的冲撞、震动、挤压、潮湿、日照等因素都会影响到商品。设计师在设计之前，首先要考虑到的就应该是包装的结构与材料，这样才能保证商品在流通过程中的安全。
- 便利功能：包装的设计在对生产、流通、存储和使用中都具有适应性。包装设计应该站在消费者的立场上去思考，做到"以人为本"，这样才能拉近商品与消费者之间的距离，从而增加消费者的购买欲望。
- 销售功能：好的包装，可以让商品在琳琅满目的货架上迅速地引起消费者的注意，让消费者产生购买欲望，从而达到促进销售的目的。

19.1.2 包装的分类

包装形态各异、五花八门，其功能作用、外观内容也各有千秋。通过不同的性质可以将包装进行分类。如图 19-3 和图 19-4 所示为优秀的包装设计作品。

图 19-3   图 19-4

- 按产品的内容分：日用品类、食品类、烟酒类、化妆品类、医药类、文体类、工艺品类、化学品类、五金家电类、纺织品类、儿童玩具类、土特产类等。
- 按包装的材料分：不同的材料有不同的质感，所表达的情感也不同，而且不同材料用途和展示效果也不尽相同，如纸包装、金属包装、玻璃包装、木包装、陶瓷包装、塑料包装、棉麻包装、布包装等。
- 按包装的形状分：个包装（也叫内包装或小包装），它是与产品最亲密接触的包装。一般都陈列在商场或超市的货架上，所以在设计时，更要体现商品性，以吸引消费者。中包装主要是为了增强对商品的保护，便于计数而对商品进行组装或套装。例如，一箱啤酒是 6 瓶、一条香烟是 10 包等。大包装也称外包装、运输包装。它的主要作用也是增加商品在运输中的安全，且又便于装卸与计数。
- 销售包装：销售包装又称商业包装，可分为内销包装、外销包装、礼品包装、经济包装等。销售包装是直接面向消费者的，因此，在设计时，需要符合商品的诉求对象，力求简洁大方，方便实用。
- 储运包装：也就是以商品的储存或运输为目的的包装。它主要在厂家与分销商、卖场之间流通，便于产品的搬运与计数。在设计时，并不是重点，只要注明产品的数量、发货日期与到货日期、时间与地点等即可。
- 特殊用品包装：用来包装一些特殊物品，如军需品。

19.1.3 包装设计的常见形式

包装形式多种多样，其常见形式有盒类、袋类、瓶类、罐类、坛类、管类、包装筐和其他类型的包装。

- 盒类包装：盒类包装包括木盒、纸盒、皮盒等多种类型，应用范围广，如图 19-5 所示。
- 袋类包装：袋类包装包括塑料袋、纸袋、布袋等多种类型，应用范围广。袋类包装质量轻，强度高，耐腐蚀，如图 19-6 所示。

图 19-5   图 19-6

- 瓶类包装：瓶类包装包括玻璃瓶、塑料瓶、普通瓶等多种类型，较多的应用在液体产品，如图 19-7 所示。
- 罐类包装：罐类包装包括铁罐、玻璃罐、铝罐等多种类型。罐类包装刚性好、不易破损，如图 19-8 所示。

图 19-7　　　　　图 19-8

- **坛类包装**：坛类包装多用于酒类、腌制品类，如图 19-9 所示。
- **管类包装**：管类包装包括软管、复合软管、塑料软管等多种类型,常用于盛放凝胶状液体,如图 19-10 所示。

图 19-9　　　　　图 19-10

- **包装篮**：多用于数量较多的产品，如瓶酒、饮料类，如图 19-11 所示。
- **其他包装**：其他包装包括托盘、纸标签、瓶封、材料等多种类型，如图 19-12 所示。

图 19-11　　　　　图 19-12

19.1.4　包装设计的常用材料

　　包装的材料种类繁多，不同的商品考虑其运输过程与展示效果，所用材料也不一样。在进行包装设计的过程中必须从整体出发，了解产品的属性而采用适合的包装材料及容器形态等。包装的常见材料有纸包装、塑料包装、金属包装、玻璃包装和陶瓷包装等。

- **纸包装**：纸包装是一种轻薄、环保的包装。常见的纸包装有牛皮纸、玻璃纸、蜡纸、有光纸、过滤纸、白板纸、胶版纸、铜版纸、瓦楞纸等多种类型。纸包装应用广泛，具有成本低、便于印刷和批量生产的优势，如图 19-13 所示。
- **塑料包装**：塑料包装是用各种塑料加工制作的包装材料，有塑料薄膜、塑料容器等类型。塑料包装具有强度高、防滑性能好、防腐性强等优点，如图 19-14 所示。
- **金属包装**：常见的金属包装有马口铁皮、铝、铝箔、镀铬无锡铁皮等类型。金属包装具有耐蚀性、防菌、防霉、防潮、牢固、抗压等特点，如图 19-15 所示。

图 19-13　　　　　图 19-14

图 19-15

- **玻璃包装**：玻璃包装具有无毒、无味、清澈等特点。但其最大的缺点是易碎，且重量相对过重。玻璃包装包括食品用瓶、化妆品瓶、药品瓶、碳酸饮料瓶等多种类型，如图 19-16 所示。
- **陶瓷包装**：陶瓷包装是一种极富艺术性的包装容器。瓷器釉瓷有高级釉瓷和普通釉瓷两种。陶瓷包装具有耐火、耐热、坚固等优点。但其与玻璃包装一样，易碎且有一定的重量，如图 19-17 所示。

图 19-16　　　　　图 19-17

19.2　红酒包装设计

文件路径	资源包\第 19 章\红酒包装设计
难易指数	⭐⭐⭐⭐⭐
技术掌握	圆角矩形工具、图层样式、横排文字工具、画笔工具

案例效果

案例效果如图 19-18 所示。

扫一扫，看视频

图 19-18

操作步骤

Part 1　制作平面效果图的背景

步骤 01 执行"文件 > 新建"命令，创建一个背景为透明的空白文档，如图 19-19 所示。

图 19-19

步骤 02 单击工具箱中的"矩形工具"按钮，在选项栏中设置"绘制模式"为"形状"，"填充"为"渐变"，编辑一种黑灰色系的渐变，"样式"为"线性"，"角度"为 135 度，"缩放"为 100%，"描边"为无，设置完成后在画面中绘制矩形，如图 19-20 所示。

图 19-20

步骤 03 单击工具箱中的"圆角矩形工具"按钮，在选项栏中设置"绘制模式"为"形状"，"填充"为黄色系渐变，"描边"为无，"半径"为 120 像素，设置完成后在画面中绘制图形，如图 19-21 所示。然后使用自由变换组合键 Ctrl+T 调出定界框，将光标放在定界框外按住鼠标左

键进行旋转，如图 19-22 所示。操作完成后按 Enter 键完成操作。

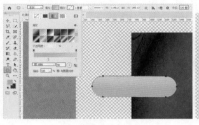

图 19-21　　　　　　图 19-22

步骤 04 选择圆角矩形，执行"图层 > 图层样式 > 投影"命令，在弹出的"图层样式"窗口中设置"混合模式"为"正片叠底"，"颜色"为黑色，"不透明度"为 30%，"角度"为 90 度，"距离"为 17 像素，"大小"为 7 像素。设置完成后单击"确定"按钮完成操作，如图 19-23 所示。效果如图 19-24 所示。

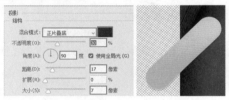
图 19-23　　　　　　图 19-24

步骤 05 使用同样的方式绘制其他的圆角矩形，设置合适的渐变填充颜色，并添加同样的"投影"图层样式，如图 19-25 所示（可以在已有的图层样式上右击，在弹出的快捷菜单中执行"拷贝图层样式"命令，然后到需要添加图层样式的图层上右击，在弹出的快捷菜单中执行"粘贴图层样式"命令，即可使其他图层具有相同的样式）。

图 19-25

步骤 06 单击工具箱中的"椭圆工具"按钮，在选项栏中设置"绘制模式"为"形状"，"填充"为无，"描边"为黄色系的渐变颜色，"描边粗细"为 110 像素，描边的"位置"为"外部"，设置完成后在黑色矩形的左上角按住 Shift 键拖动绘制一个正圆，如图 19-26 所示。同样为这个正圆添加相同的"投影"图层样式，如图 19-27 所示。

图 19-26　　　　　　　图 19-27

图 19-32　　　　　　　图 19-33

步骤 07 在"图层"面板中加选所有的圆角矩形图层，右击，在弹出的快捷菜单中执行"创建剪贴蒙版"命令，将超出黑色矩形以外的圆角矩形隐藏，如图 19-28 所示。效果如图 19-29 所示。

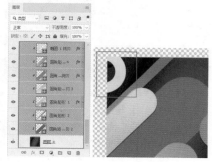

图 19-28　　　　　　　图 19-29

步骤 08 单击工具箱中的"多边形工具"按钮，设置"绘制模式"为"形状"，"填充"为淡紫色的渐变颜色，"描边"为无，"边数"为 3，按住鼠标左键拖动绘制一个三角形，如图 19-30 所示。然后为三角形添加"投影"图层样式，如图 19-31 所示。

图 19-30　　　　　　　图 19-31

步骤 09 选择三角形图层，使用组合键 Ctrl+J 将图层复制一份，然后移动三角形的位置，如图 19-32 所示。选择任意一个矢量绘图工具，然后在选项栏中设置"填充"为橙黄色系的渐变，如图 19-33 所示。

步骤 10 使用同样的方式复制三角形，移动位置并更改颜色，如图 19-34 所示。

图 19-34

步骤 11 单击工具箱中的"多边形工具"按钮，在选项栏中设置"绘制模式"为"形状"，"填充"为浅紫色渐变，"描边"为无，"边数"为 5，然后单击 按钮，在下拉面板中勾选"星形"复选框，"缩进边依据"为 30%，然后在画面中绘制一个五角星，如图 19-35 所示。接着为紫色五角星添加投影图层，然后复制一份五角星，调整位置并更改渐变颜色。效果如图 19-36 所示。

图 19-35

图 19-36

Part 2　制作产品说明性文字

步骤 01 在画面顶部添加文字。单击工具箱中的"矩形工具"按钮,在选项栏中设置"绘制模式"为"形状","填充"为无,"描边"为蓝色,"大小"为 6 像素,设置完成后在画面中绘制图形,如图 19-37 所示。此时绘制的矩形顶部有多出来的部分,需要将其隐藏。单击工具箱中的"矩形选框工具"按钮,绘制与底图相同大小的选区,如图 19-38 所示。

图 19-37　　　　　　图 19-38

步骤 02 在当前状态下,单击"图层"面板底部的"添加图层蒙版"按钮,为该图层添加图层蒙版,将不需要的部分隐藏,如图 19-39 所示。效果如图 19-40 所示。

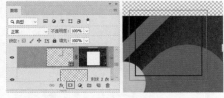

图 19-39　　　　　　图 19-40

步骤 03 在矩形框内添加文字。单击工具箱中的"横排文字工具"按钮,在选项栏中设置合适的"字体""字号"和"颜色",设置完成后在画面中单击输入文字。文字输入完成后按 Ctrl+Enter 组合键完成操作,如图 19-41 所示。然后在已有文字下方继续单击输入文字,如图 19-42 所示。

图 19-41

图 19-42

步骤 04 选择蓝色的文字图层,在"字符"面板中单击"全部大写字母"按钮,将字母全部设置为大写。效果如图 19-43 所示。然后使用同样的方式输入其他文字,效果如图 19-44 所示。

图 19-43　　　　　　图 19-44

步骤 05 使用"矩形工具",在画面中绘制白色矩形,如图 19-45 所示。单击工具箱中的"添加锚点工具"按钮,在矩形右侧中间位置单击添加锚点,如图 19-46 所示。然后使用"转换点工具"单击该锚点,使之变为尖角点,使用"删除锚点工具"将矩形右侧上下两个端点的锚点删除。效果如图 19-47 所示。

图 19-45　　　　　　图 19-46

图 19-47

步骤 06 选择该图层,使用组合键 Ctrl+J 将其复制一份,然后使用自由变换组合键 Ctrl+T 调出定界框,右击,右弹出的快捷菜单中执行"水平翻转"命令,将该图形进行水平翻转并移动至相应的位置,如图 19-48 所示。操作完成后按 Enter 键完成操作。

图 19-48

步骤 07 单击工具箱中的"矩形工具"按钮,在选项栏中设置"绘制模式"为"形状","填充"为白色,"描边"为无,设置完成后在画面中绘制矩形,如图 19-49 所示。然后使用同样的方式绘制其他两个蓝紫色矩形。效果如图 19-50 所示。

图 19-49　　　　　　图 19-50

步骤 08 在画面中添加文字。单击工具箱中的"横排文字工具"按钮,在选项栏中设置合适的"字体""字号"和"颜色",单击"居中对齐文本"按钮,设置完成后在白色矩形上方绘制文本并在文本框中输入段落文字,如图 19-51 所示。文字输入完成后按 Ctrl+Enter 组合键完成操作。然后使用同样的方式单击输入底部的文字,并在"字符"面板中单击"仿粗体"按钮将文字加粗。效果如图 19-52 所示。

图 19-51　　　　　　图 19-52

步骤 09 执行"文件 > 置入嵌入的对象"命令,将素材 1.jpg 置入画面中。调整大小放在文字上方位置并将该图层进行栅格化处理,如图 19-53 所示。此时红酒包装的平面效果图制作完成。效果如图 19-54 所示。按住 Ctrl 键依次加选各个图层将其编组命名为"平面效果图"。

图 19-53　　　　　　图 19-54

步骤 10 选择平面图图层组,复制并合并为独立图层,命名为"平面图",以备后面操作使用,如图 19-55 所示。

图 19-55

Part 3　制作立体展示效果

步骤 01 制作右侧包装盒的立体效果。执行"文件 > 置入嵌入的对象"命令,将素材 2.jpg 置入画面中,如图 19-56 所示。接着选择平面图图层将其复制一份并移动至素材 2.jpg 的上方位置,将图形放在右侧包装盒上方,如图 19-57 所示。

图 19-56　　　　　　图 19-57

步骤 02 将平面图多余的部分隐藏。单击工具箱中的"矩形选区工具"按钮,在画面中绘制出盒子表面的选区,如图 19-58 所示。然后基于选区为该图层的平面图添加图层蒙版,将不需要的部分隐藏,如图 19-59 所示。画面效果如图 19-60 所示。

图 19-58　　　　　图 19-59　　　　　图 19-60

步骤 03 选择该图层，设置图层的"混合模式"为"叠加"，如图 19-61 所示。此时盒子表面呈现出明暗区别以及质感，效果如图 19-62 所示。

图 19-61　　　　　　　图 19-62

步骤 04 选择平面图图层，执行"图层 > 图层样式 > 斜面和浮雕"命令，在弹出的"图层样式"窗口中设置"样式"为"内斜面"，"方法"为"平滑"，"深度"为 1000%，"方向"选中"上"单选按钮，"大小"为 10 像素，"软化"为 3 像素，"角度"为 150 度，"高度"为 30 度，"高光模式"为"滤色"，"颜色"为白色，"不透明度"为70%，"阴影模式"为"正片叠底"，"颜色"为黑色，"不透明度"为 30%，设置完成后单击"确定"按钮完成操作，如图 19-63 所示。效果如图 19-64 所示。

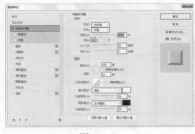

图 19-63　　　　　　　　图 19-64

步骤 05 制作左侧红酒瓶的立体效果。将平面图图层再次复制一份，将复制得到的图形移动至红酒瓶上方，如图 19-65 所示。然后使用自由变换组合键 Ctrl+T 调出定界框，适当缩放并右击，在弹出的快捷菜单中执行"变形"命令，将图形进行适当的变形，使其与红酒瓶的外观轮

廓线条相吻合，如图 19-66 所示。操作完成后按 Enter键完成操作。

图 19-65　　　　　　　图 19-66

步骤 06 单击工具箱中的"钢笔工具"按钮，在选项栏中设置"绘制模式"为"路径"，设置完成后在画面中绘制路径，然后在选项栏中单击建立"选区"按钮，将路径转换为选区，如图 19-67 所示。基于当前选区，为该图层添加图层蒙版，将不需要的部分隐藏，如图 19-68所示。效果如图 19-69 所示。

图 19-67　　　　　图 19-68　　　　　图 19-69

步骤 07 为标签添加明暗效果，使标签产生立体感。首先制作中间的暗部，新建图层，设置"前景色"为黑色，单击工具箱中的"画笔工具"按钮，在选项栏中设置大小合适的柔边圆画笔，设置完成后在酒瓶中间位置涂抹（按住Shift 键进行涂抹可得到直线）。如图 19-70 所示。然后右击，在弹出的快捷菜单中执行"创建剪贴蒙版"命令创建剪贴蒙版，将不需要的部分隐藏。效果如图 19-71 所示。

图 19-70　　　　　　　图 19-71

步骤 08 此时绘制的暗部颜色过重，选择该图层，设置"混合模式"为"正片叠底"，"不透明度"为 30%，效果如图 19-72 所示。然后使用同样的方式制作红酒瓶两侧的暗部和高光。此时红酒包装的立体展示效果制作完成。效果如图 19-73 所示。

图 19-72　　　　　　　图 19-73

19.3 果味奶制品包装设计

文件路径	资源包 \ 第 19 章 \ 果味奶制品包装设计
难易指数	★★★★★
技术掌握	矩形工具、椭圆工具、图层样式、横排文字工具、钢笔工具

案例效果

案例效果如图 19-74 所示。

图 19-74

操作步骤

Part 1　制作平面图背景

扫一扫，看视频

步骤 01 执行"文件 > 新建"命令，创建一个"高度"为 10 厘米、"宽度"为 30 厘米、"分辨率"为 300 像素 / 英寸的空白文档，如图 19-75 所示。然后单击工具箱底部的"前景色"按钮，在弹出的"拾色器"窗口中设置"颜色"为黄色，设置完成后单击"确定"按钮完成操作，如图 19-76 所示。

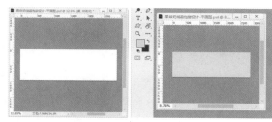

图 19-75　　　　　　　图 19-76

步骤 02 单击工具箱中的"椭圆工具"按钮，在选项栏中设置"绘制模式"为"形状"，"填充"为橘色，"描边"为无，设置完成后在画面中间位置按住 Shift 键的同时按住鼠标左键拖动绘制正圆，如图 19-77 所示。继续绘制第二个圆形边框，在不选中任何矢量图层的状态下，在选项栏中设置"填充色"为无，"轮廓色"为橘色，设置合适的描边粗细，绘制一个圆形边框，如图 19-78 所示。

图 19-77　　　　　　　图 19-78

步骤 03 使用同样的方式绘制其他正圆。效果如图 19-79 所示。

步骤 04 单击工具箱中的"矩形工具"按钮，在选项栏中设置"绘制模式"为"形状"，"填充"为白色，"描边"为无，设置完成后在橘色正圆下方位置绘制一个和背景等长的矩形，如图 19-80 所示。

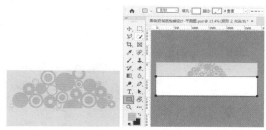

图 19-79　　　　　　　图 19-80

步骤 05 执行"文件 > 置入嵌入的对象"命令，将素材 1.png 置入画面中。调整大小放在白色矩形中间位置并将该图层进行栅格化处理，如图 19-81 所示。选择该图层，在"图层"面板中设置"不透明度"为 43%。效果如图 19-82 所示。

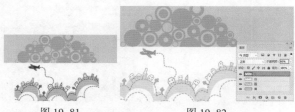

图 19-81   图 19-82

步骤 06 选择花纹图层，使用组合键 Ctrl+J 将图层复制一份，使用组合键 Ctrl+T 调出定界框，然后右击，在弹出的快捷菜单中执行"水平翻转"命令，如图 19-83 所示。然后将花纹向右拖动，按 Enter 键确定变换。效果如图 19-84 所示。

图 19-83   图 19-84

步骤 07 使用同样的方式复制花纹并向左拖动，将花纹平铺到底部白色矩形处。效果如图 19-85 所示。

图 19-85

步骤 08 再次执行"文件 > 置入嵌入的对象"命令，将柠檬素材 2.png 置入画面中。调整大小放在画面中并将该图层进行栅格化处理，如图 19-86 所示。然后使用同样的方式将卡通人物素材置入画面中。效果如图 19-87 所示。

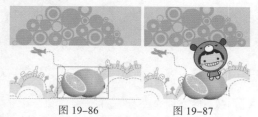

图 19-86   图 19-87

Part 2   制作包装正面内容

步骤 01 在画面中制作标志的主体文字。单击工具箱中

的"横排文字工具"按钮，在选项栏中设置合适的"字体""字号"和"颜色"，设置完成后在画面中单击输入文字。文字输入完成后按 Ctrl+Enter 组合键完成操作，如图 19-88 所示。

图 19-88

步骤 02 为该文字添加图层样式，增加文字的立体感。选择文字图层，执行"图层 > 图层样式 > 投影"命令，在弹出的"图层样式"窗口中设置"混合模式"为"正片叠底"，"颜色"为深红色，"不透明度"为 50%，"角度"为 120 度，"距离"为 8 像素，"扩展"为 54%，"大小"为 9 像素，如图 19-89 所示。效果如图 19-90 所示。

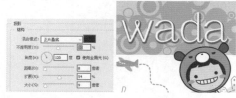

图 19-89   图 19-90

步骤 03 启用"图层样式"左侧的"描边"图层样式，设置"大小"为 4 像素，"位置"为"外部"，"混合模式"为"正常"，"不透明度"为 100%，"填充颜色"为黄色，设置完成后单击"确定"按钮完成操作，如图 19-91 所示。效果如图 19-92 所示。

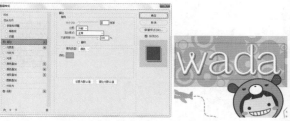

图 19-91   图 19-92

步骤 04 在标志文字中添加一些装饰性的元素。选择卡通人物素材图层将其复制一份，接着选择复制得到的图层，使用"快速选择工具"将人物头的轮廓绘制出来，如图 19-93 所示。

图 19-93

步骤 05 在当前选区状态下，为该图层添加图层蒙版，将不需要的部分隐藏，如图 19-94 所示。接着使用自由变换组合键 Ctrl+T 调出定界框，将光标放在定界框一角按住鼠标左键将图形进行等比例缩小，并将该图层进行旋转，放在文字上方。操作完成后按 Enter 键完成操作。效果如图 19-95 所示。

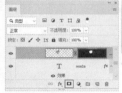

图 19-94　　　　　　　图 19-95

步骤 06 使用同样的方式将卡通人物的两个耳朵提取出来，放在标志主体文字的适当位置。效果如图 19-96 所示。此时标志制作完成。按住 Ctrl 键依次加选制作标志的各个图层，将其编组并命名为"标志"。

步骤 07 制作圆标。单击工具箱中的"椭圆工具"按钮，在选项栏中设置"绘制模式"为"形状"，"填充"为绿色渐变，"样式"为"线性"，"角度"为 90 度，"缩放"为 100%，"描边"为无，设置完成后在画面中按住 Shift 键的同时按住鼠标左键拖动绘制一个正圆，如图 19-97 所示。

图 19-96　　　　　　　图 19-97

步骤 08 选择正圆图层，执行"图层 > 图层样式 > 投影"命令，在弹出的"图层样式"窗口中设置"混合模式"为"正片叠底"，"颜色"为深绿色，"不透明度"为 50%，"角度"为 120 度，"距离"为 8 像素，"大小"为 7 像素，

如图 19-98 所示。效果如图 19-99 所示。

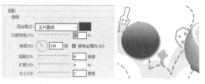

图 19-98　　　　　　　图 19-99

步骤 09 启用"图层样式"左侧的"描边"图层样式，设置"大小"为 4 像素，"位置"为"外部"，"混合模式"为"正常"，"不透明度"为 100%，"填充颜色"为绿色，设置完成后单击"确定"按钮完成操作，如图 19-100 所示。效果如图 19-101 所示。

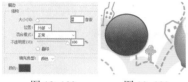

图 19-100　　　　　　图 19-101

步骤 10 在绿色正圆上添加文字。单击工具箱中的"横排文字工具"按钮，在选项栏中设置合适的"字体""字号"和"颜色"，设置完成后在绿色正圆上方单击输入文字，如图 19-102 所示。然后在文字输入状态下，选择百分比符号，在选项栏中将其字号调小。操作完成后按 Ctrl+Enter 组合键完成操作。效果如图 19-103 所示。

图 19-102　　　　　　图 19-103

步骤 11 选择该文字，设置"不透明度"为 20%，效果如图 19-104 所示。然后使用同样的方式继续输入其他文字，在"字符"面板中单击"仿粗体"按钮对文字进行加粗，单击"仿斜体"按钮对文字进行倾斜设置，并对部分文字进行适当的旋转。效果如图 19-105 所示。

图 19-104　　　　　　图 19-105

Part 3　制作包装侧面内容

步骤 01 制作左侧的说明文字。选择标志图层组将其复制一份，然后将复制得到的标志移至画面的左侧，如图 19-106 所示。使用"文字工具"，在标志下方输入文字，在"字符"面板中单击"仿粗体"按钮和"仿斜体"按钮，对文字字形进行设置。在该文字下方绘制文本框，并在文本框中输入段落文字。操作完成后按 Ctrl+Enter 组合键完成操作，效果如图 19-107 所示。按住 Ctrl 键依次加选各个图层，将其编组并命名为"左"。

图 19-106　　　　　图 19-107

步骤 02 制作右侧的营养成分说明表。首先制作表格，单击工具箱中的"矩形工具"按钮，在选项栏中设置"绘制模式"为"形状"，"填充"为无，"描边"为土黄色，"大小"为 1 像素，设置完成后在画面中绘制矩形边框，如图 19-108 所示。然后使用同样的方式在该矩形下方绘制另外一个等宽的矩形边框。此时表格制作完成。效果如图 19-109 所示。

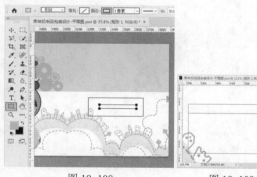

图 19-108　　　　　图 19-109

步骤 03 在表格中添加文字。使用"横排文字工具"，在选项栏中设置合适的"字体""字号"和"颜色"，设置完成后在表格上方单击输入文字，作为表格的标题，如图 19-110 所示。然后使用同样的方式输入其他文字。效果如图 19-111 所示。

图 19-110　　　　　图 19-111

步骤 04 执行"文件>置入嵌入的对象"命令，将条码素材 4.jpg 置入画面中。调整大小放在表格下方位置，并将该图层进行栅格化处理，如图 19-112 所示。包装平面效果图制作完成。效果如图 19-113 所示。按住 Ctrl 键依次加选所有图层，将其编组并命名为"平面效果图"。

图 19-112　　　　　图 19-113

步骤 05 单击工具箱中的"矩形选框工具"按钮，在正面部分绘制选区，如图 19-114 所示。然后使用组合键 Ctrl+Shift+C 将选区内的图层合并复制，使用组合键 Ctrl+Shift+V 将其粘贴形成一个新图层，并将其命名为"合并"，以备后面操作使用，如图 19-115 所示。

图 19-114　　　　　图 19-115

Part 4　制作包装立体展示效果

步骤 01 执行"文件>打开"命令，将背景素材 5.jpg 打开，如图 19-116 所示。将包装正面的合并图层移动到当前画面中，放在左侧立体包装上方，如图 19-117 所示。

图 19-116　　　　　　　　　图 19-117

步骤 02 选择该图层，使用自由变换组合键 Ctrl+T 调出定界框，右击，在弹出的快捷菜单中执行"变形"命令，将图层进行扭曲变形使其与立体包装的曲线弧度相吻合，如图 19-118 所示。操作完成后按 Enter 键完成操作。使用"钢笔工具"，绘制出瓶身的轮廓，单击选项栏中的"选区"按钮，将绘制好的路径转换为选区，如图 19-119 所示。

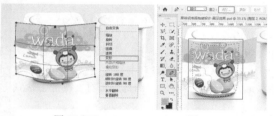

图 19-118　　　　　　　　　图 19-119

步骤 03 在当前选区状态下，为该图层添加图层蒙版，将边缘不需要的部分隐藏。然后在"图层"面板中设置"混合模式"为"正片叠底"，如图 19-120 所示。让平面效果图与立体包装盒更好地融为一体，如图 19-121 所示。接着使用同样的方式制作包装盒顶部的立体效果。效果如图 19-122 所示。

图 19-120　　　　图 19-121　　　　图 19-122

步骤 04 制作另外一种颜色的包装展示效果。选择瓶身包装效果图层将其复制一份。选择复制得到的图形将其向右移至右侧包装盒的瓶身位置，如图 19-123 所示。

图 19-123

步骤 05 对包装的颜色进行更改。执行"图层 > 新建调整图层 > 色相 / 饱和度"命令，在"属性"面板中"预设"选择"全图"，设置"色相"为 +7，如图 19-124 所示。然后"预设"选择"黄通道"，设置"色相"为 -42，设置完成后单击面板底部的"此调整剪切到此图层"按钮，使调整效果只针对下方图层，如图 19-125 所示。效果如图 19-126 所示。

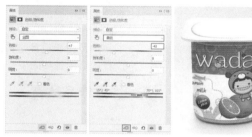

图 19-124　　　　图 19-125　　　　图 19-126

步骤 06 使用同样的方式对右侧立体包装的瓶顶进行同样的操作。此时果味奶制品的立体包装展示效果制作完成。效果如图 19-127 所示。

图 19-127

Chapter 20
第20章

书籍画册设计

本章内容简介

　　书籍是人类社会实践的产物，是一种特定的不断发展着的知识传播工具。"书籍设计"是一个比较大的概念，当读者在购买一本书时，吸引他的不仅仅是内容，还有可能是书籍的封面、内容的排版或者书籍的装订方式，可以说书籍设计是一门大学问。在平面设计中，书籍设计主要是书籍封面设计和书籍内页排版设计两大方面。书籍内页排版设计是将书籍原稿通过合理的、有层次结构地编排在一起，达到方便读者，给读者美的享受的目的。

优秀作品欣赏

20.1　认识书籍设计

书籍是一种特殊的商品，因为它既是商品，也是一种文化。在商品经济竞争非常激烈的今天，一本完美的书籍，不仅要内容充实，还要有个性的封面和精美的版式，这样才能让读者充分享受阅读的过程。

20.1.1　什么是书籍设计

书籍是人类社会实践的产物，是一种特定的不断发展着的知识传播工具。"书籍设计"是一个比较大的概念，当读者在购买一本书时，吸引他的不仅仅是内容，还有可能是书籍的封面、内容的排版或者书籍的装订方式，可以说书籍设计是一门大学问。在平面设计中，书籍设计主要是书籍封面设计和书籍内页排版设计两大方面。书籍内页排版设计是将书籍原稿通过合理的、有层次结构的编排在一起，达到方便读者，给读者美的享受的目的，如图 20-1 和图 20-2 所示。

图 20-1　　　　　　　图 20-2

20.1.2　书籍封面设计

从广义上来说，封面是指书刊外面的一层，主要是由图案和文字组成。封面的作用包括保护书籍内容、体现书籍名称、作者等信息和在陈列中吸引读者。从狭义上来讲，封面是指书籍的正面，是整本书的"脸面"。整个书籍封面设计包括封面、封底、书脊、腰封和护封，如图 20-3 所示。

图 20-3

- **封面**：封面是包裹住书刊最外面的一层，在书籍设计中占有重要的地位，封面的设计在很大程度上决定了消费者是否会拿起该本书籍。封面主要包括书名、著者、出版者名称等内容。
- **封底**：封底是书刊的背面，与跟封面相对的一面，是封面、书脊的延展、补充、总结或强调。封底与封面二者之间紧密关联，相互帮衬，相互补充，缺一不可。
- **书脊**：书脊是指书刊封面、封底连接的部分，相当于书芯厚度。
- **腰封**：腰封是包裹在书籍封面的一条腰带纸，不仅可用来装饰和补充书籍的不足之处，还起到一定的引导作用，能够使消费者快速了解该书的内容和特点。
- **护封**：护封用来避免书籍在运输、翻阅、光线和日光照射过程中受损和帮助书籍的销售。

书籍封面设计相当于商品的外包装，起到非常重要的意义，是整本书的设计重点。在设计封面时可以尝试以下三种方法。

（1）以一个完整的图形横跨封面、封底和书脊，如图 20-4 所示。

图 20-4

（2）将封面上的全部或局部图形缩小后放在封底上，作为封底的标志或图案，从而与封面相互呼应，如图 20-5 所示。

（3）封面和封底相似，如图 20-6 所示。

图 20-5　　　　　　图 20-6

20.1.3　书籍内页设计

翻开书籍的封面就是书的内页了，内页由多部分内容组成，最基本的就是扉页、目录和正文版面。扉页是整本书的入口和序曲，具有向读者介绍书名、作者名和出版社名的作用。目录是书刊中章、节标题的记录，起到主题索引的作用，便于读者查找，目录一般放在书刊正文之前。

正文版面是书籍排版的重要内容，以页为单位。每一版面由大小不同的文字、图案、表格等内容组成。整个正文版面中包括版心、页眉、页脚和注解，对正文进行排版时要处理好各部分的关系，使版面主次分明、美观大方、易读性好。如图 20-7 和图 20-8 所示为书籍内页设计。

图 20-7　　　　　　　　　图 20-8

正文的排版是内页设计的重点，通常书籍的正文都会包含版心、页眉、页脚、注解等几大要素。

- 版心：版心是指正文版面中被集中印刷的范围，在版心的四周会留下一些空白，这些空白的作用是能让读者更好地阅读内容，减少阅读的压迫感。常见的版式布局有骨骼型、满版型、上下分割型、左右分割型、中轴型、曲线型、倾斜型、对称型、重心型、三角型、并置型、自由型等。
- 页眉与页脚：页眉位于版面的顶部，页脚位于版面的底部，页眉与页脚通常为图案与文字相搭配，起到装饰、说明的作用。
- 注解：注解是对正文中某一个词或者某一句话的解释和说明。通常在正文中会用一种特殊符号来表示，之后会在当前页的下面进行具体解释。可以分为段后注、脚注、边注和后注。

20.2　时尚三折页传单设计

文件路径	资源包 \ 第 20 章 \ 时尚三折页传单设计
难易指数	★★★★★
技术掌握	多边形套索工具、形状工具、横排文字工具、自由变换

案例效果

案例效果如图 20-9 和图 20-10 所示。

扫一扫，看视频

图 20-9　　　　　　　　　图 20-10

操作步骤

Part 1　制作左侧页面平面图

步骤 01 执行"文件 > 新建"命令，新建一个 A4 大小的竖版文件。单击工具箱中的"渐变工具"按钮，继续单击选项栏中的"渐变色条"按钮，在弹出的"渐变编辑器"窗口中编辑一种青色系渐变，如图 20-11 所示。渐变编辑完成后，单击选项栏中的"线性渐变"按钮，激活该选项。在画布中从上至下拖曳进行填充，如图 20-12 所示。

图 20-11　　　　　　　　图 20-12

步骤 02 单击工具箱中的"横排文字工具"按钮，在选项栏中设置一个合适的字体，设置"字号"为 46 点，文字"颜色"为白色。在画布右上角左击插入光标，并输入文字，如图 20-13 所示。接下来为文字图层添加图层样式，选择该文字图层，执行"图层 > 图层样式 > 投影"命令，设置"混合模式"为"正片叠底"，"颜色"为黑色，"不透明度"为 50%，"角度"为 135 度，"距离"为 5 像素，参数设置如图 20-14 所示。参数设置完成后，单击"确定"按钮，文字效果如图 20-15 所示。

图 20-13　　　　图 20-14　　　　图 20-15

步骤 03 使用"横排文字工具"，在画面中单击，然后在选项栏中将字号调小，输入英文 THE MOST，如图 20-16 所示。通过复制图层样式，快速为文字图层添加图层样式。单击带有图层样式的文字图层，在该文字图层上方右击，在弹出的快捷菜单中执行"拷贝图层样式"命令，如图 20-17 所示。

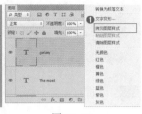

图 20-16　　　　　　　图 20-17

步骤 04 选择 THE MOST 文字图层，在该文字图层上右击，在弹出的快捷菜单中执行"粘贴图层样式"命令，如图 20-18 所示。文字效果如图 20-19 所示。

图 20-18　　　　　　　图 20-19

步骤 05 使用同样的方式制作背景部分中的文字，效果如图 20-20 所示。背景部分制作完成，效果如图 20-21 所示。

图 20-20　　　　　　　图 20-21

提示：文字与"阴影"图层样式的添加

先将文字输入完成后，将文字图层添加到一个图层组中，然后选择该图层组，为该图层组添加图层样式，也可以制作出同样的效果。

步骤 06 单击工具箱中的"创建新组"按钮，新建一个图层组，并将该图层组命名为"平面"，如图 20-22 所示。在平面部分制作的过程中，新建的图层都在该图层组中。

图 20-22

步骤 07 新建图层，单击工具箱中的"矩形选框工具"按钮，在画布中绘制一个矩形选区，如图 20-23 所示。将该选区填充为黄色，如图 20-24 所示。宣传单底色制作完成。

图 20-23　　　　　图 20-24

步骤 08 执行"文件 > 置入嵌入的对象"命令，置入人像素材 1.jpg，执行"图层 > 栅格化 > 智能对象"命令，命名图层为"人像 1"，如图 20-25 所示。单击工具箱中的"多边形套索工具"按钮，在画布中绘制一个不规则的多边形选区，如图 20-26 所示。

图 20-25　　　　　图 20-26

步骤 09 选择"人像 1"图层，单击"添加图层蒙版"按钮，基于选区为该图层添加图层蒙版，将选区以外的部分在蒙版中隐藏，如图 20-27 所示。画面效果如图 20-28 所示。

图 20-27　　　　　图 20-28

步骤 10 单击工具箱中的"自定形状工具"按钮，在选项栏中设置"绘制模式"为"形状"，"填充"为青色，单击"形状"倒三角形按钮，在下拉列表中选择"花1"形状。设置完成后，在人像照片下方的位置按住 Shift 键并按住鼠标左键拖动，绘制出花朵形状，如图 20-29 所示。

图 20-29

步骤 11 设置该形状图层的"不透明度"为 60%，如图 20-30 所示。效果如图 20-31 所示。

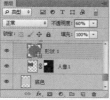 

图 20-30　　　　　图 20-31

步骤 12 单击工具箱中的"横排文字工具"按钮，在选项栏中设置合适的"字体""字号"和"颜色"，在画布中单击输入文字，如图 20-32 所示。继续使用"横排文字工具"，在上方单击，并在选项栏中将字体调小，继续输入下一个单词，如图 20-33 所示。

图 20-32　　　　　图 20-33

步骤 13 新建图层，使用"矩形工具"绘制细长的矩形选区，并填充白色，作为分割线，如图 20-34 所示。将白色线段进行复制并移至文字下方，效果如图 20-35 所示。

图 20-34　　　　　图 20-35

步骤 14 使用"椭圆选框工具"，在文字周围绘制正[圆]选区，设置"前景"为白色并进行填充，如图 20-3[6]所示。使用同样的方式，制作其他多个白色圆点。效果[如]图 20-37 所示。

图 20-36　　　　　图 20-37

步骤 15 将"标签"旋转到合适角度。将组成标签的[图]层加选，使用自由变换组合键 Ctrl+T 调出定界框，将[鼠]标定位到定界框的以外，按住鼠标左键并拖动，将其旋转到合适角度，如图 20-38 所示。旋转完成后，可以按 Enter 键结束操作。

图 20-38

步骤 16 单击工具箱中的"横排文字工具"按钮，在选项栏中设置合适的字体，"字号"为 11 点，单击"居中对齐文本"按钮，继续设置字体"颜色"为粉色。参数设置完成后在画布中单击加入文字，如图 20-39 所示。左侧页面平面图制作完成，效果如图 20-40 所示。

图 20-39　　　　　图 20-40

Part 2　制作中间页面平面图

步骤 01 新建图层，单击工具箱中的"多边形套索工具"按钮，使用该工具在画布相应位置绘制一个多边形选区，如图 20-41 所示。设置"前景色"为青色，将该选区填充为青色。效果如图 20-42 所示。

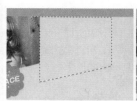

图 20-41　　　　　　图 20-42

步骤 02 新建图层，使用"多边形套索工具"在之前的图层下方绘制一个三角形选区，并同样填充青色，如图 20-43 所示。接着设置该图层的"不透明度"为 15%，如图 20-44 所示。画面效果如图 20-45 所示。

图 20-43　　　图 20-44　　　图 20-45

步骤 03 使用"自定形状工具"绘制一个自定形状，如图 20-46 所示。设置该图层的"不透明度"为 50%，如图 20-47 所示。

图 20-46　　　　　　图 20-47

步骤 04 使用同样的方式制作其他部分，效果如图 20-48 所示。添加文字，并将上方的几组文字进行旋转，效果如图 20-49 所示。宣传单中间页面制作完成。

图 20-48　　　　　　图 20-49

Part 3　制作右侧页面平面图

步骤 01 执行"文件 > 置入嵌入的对象"命令，将人物素材 2.jpg 置入文件中，并将其摆放在合适位置，执行"图层 > 栅格化 > 智能对象"命令，如图 20-50 所

示。接下来为该图层添加图层蒙版，隐藏多余像素。使用"矩形选框工具"在人物上方绘制一个矩形选区，如图 20-51 所示。

图 20-50　　　　　　图 20-51

步骤 02 选择该人物图层，单击"添加图层蒙版"按钮，基于选区为该图层添加图层蒙版，如图 20-52 和图 20-53 所示。

图 20-52　　　　　　图 20-53

步骤 03 装饰版面。新建图层，绘制一个三角形选区并填充黄色，如图 20-54 所示。设置该图层的"混合模式"为"颜色"，如图 20-55 所示。画面效果如图 20-56 所示。

图 20-54　　　　　　图 20-55

图 20-56

步骤 04 将左侧页面中带有花朵图案的文字部分复制、粘贴到右侧页面上，如图 20-57 所示。然后更改花朵、文字以及装饰元素的颜色，效果如图 20-58 所示。

图 20-57　　　　　　图 20-58

步骤 05 使用"横排文字工具"输入右侧页面底部的文字，宣传单右侧页面平面图部分制作完成。效果如图 20-59 所示。

图 20-59

Part 4　制作三折页立体效果图

步骤 01 选择"平面"图层组，复制该图层组，并使用快捷键 Ctrl+E 将其合并为一个图层，得到"平面合并"图层，如图 20-60 所示。选择"平面合并"图层，使用"矩形选框工具"在画布中绘制左侧页面的矩形选区，如图 20-61 所示。

图 20-60　　　　　　图 20-61

步骤 02 使用组合键 Ctrl+J 将选区中的内容复制到独立图层，并将复制后的图层命名为"左侧"，将"平面合层"图层隐藏，如图 20-62 所示。选择"左侧"图层，使用自由变换组合键 Ctrl+T 调出定界框，先将其放大，然后再按住 Ctrl 键拖曳左下角的角点，制作带有扭曲效果的页面，如图 20-63 所示。

图 20-62　　　　　　图 20-63

步骤 03 使用同样的方式将宣传单右侧的部分提取出来，并将该图层移至"左侧"图层的上一层。同样进行自由变换，效果如图 20-64 所示。在"左侧"图层的上一层新建图层。使用"多边形套索工具"绘制选区，如图 20-65 所示。

图 20-64　　　　　　图 20-65

步骤 04 将该选区填充为黄色，效果如图 20-66 所示。

图 20-66

步骤 05 制作投影效果。在"平面合层"图层的上一层新建图层，并命名为"投影"，如图 20-67 所示。先将"前景色"设置为颜色偏灰的青色，继续单击工具箱中的"椭圆选框工具"按钮，在选项栏中设置"羽化"为 80 像素，最后，在画布相应位置绘制一个细长的椭圆选区，如图 20-68 所示（因为羽化的关系，在绘制椭圆选区时应将选区范围拉长一些）。

图 20-67　　　　　　图 20-68

步骤 06 使用组合键 Alt+Delete 将前景色填充到选区，效果如图 20-69 所示。使用同样的方式制作另外一处投影，效果如图 20-70 所示。

图 20-69　　　　　　　图 20-70

步骤 07 制作投影。在"左侧"图层上方新建图层并命名该图层为"中部投影"，如图 20-71 所示。将"前景色"设置为灰色，单击工具箱中的"画笔工具"按钮，在选项栏中设置"笔尖大小"为 350 像素，"不透明度"为 50%，设置完成后使用画笔在中间页面处绘制阴影。效果如图 20-72 所示。

图 20-71　　　　　　　图 20-72

步骤 08 阴影绘制完成后，完成本案例的制作。效果如图 20-73 所示。

图 20-73

20.3　人物传记书籍封面

文件路径	资源包\第 20 章\人物传记书籍封面
难易指数	★★★★★
技术掌握	矩形工具、自定形状工具、横排文字工具、自由变换

案例效果

案例效果如图 20-74 所示。

扫一扫，看视频

图 20-74

操作步骤

Part 1　制作封面

步骤 01 执行"文件 > 新建"命令，新建一个"宽度"为 1800 像素、"高度"为 1183 像素的空白文档，如图 20-75 所示。接着单击工具箱底部的"前景色"按钮，在弹出的"拾色器"窗口中设置"颜色"为灰色，设置完成后单击"确定"按钮完成操作。然后使用组合键 Alt+Delete 进行前景色填充。效果如图 20-76 所示。

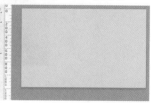

图 20-75　　　　　　　图 20-76

步骤 02 制作书籍封面。单击工具箱中的"矩形工具"按钮，在选项栏中设置"绘制模式"为"形状"，"填充"为白色，"描边"为无，设置完成后在画面右侧绘制矩形，如图 20-77 所示。

图 20-77

步骤 03 将封面的主体人物置入画面中。执行"文件 > 置入嵌入的对象"命令，将人物素材 1.jpg 置入画面中。调整大小放在画面中并将该图层进行栅格化处理，如图 20-78 所示。

图 20-78

步骤 04 此时置入的素材有多余的部分，需要将其隐藏。选择人物素材图层，单击工具箱中的"矩形选框工具"按钮，在画面中绘制选区，如图 20-79 所示。基于当前选区为该图层添加图层蒙版，将不需要的部分隐藏，如图 20-80 所示。效果如图 20-81 所示。

图 20-79

图 20-80　　　　　图 20-81

步骤 05 单击工具箱中的"矩形工具"按钮，在选项栏中设置"绘制模式"为"形状"，"填充"为青色，"描边"为无，设置完成后在人物素材上方绘制矩形，如图 20-82 所示。

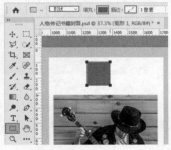

图 20-82

步骤 06 单击工具箱中的"自定形状工具"按钮，在选项栏中设置"绘制模式"为"形状"，"填充"为无，"描边"为白色，"大小"为 4 像素，在"形状"下拉菜单中选择"枫叶"图案，设置完成后在青色矩形上方绘制形状，如图 20-83 所示。然后使用自由变换组合键 Ctrl+T 调出定界框，将光标放在定界框外按住鼠标左键拖动进行旋转，如图 20-84 所示。操作完成后按 Enter 键。

图 20-83

图 20-84

步骤 07 在画面中添加文字。单击工具箱中的"横排文字工具"按钮，在选项栏中设置合适的"字体""字号"和"颜色"，设置完成后在画面中单击添加文字。文字输入完成后按 Ctrl+Enter 组合键完成操作，如图 20-85 所示。然后继续使用"文字工具"在青色矩形中单击输入文字，并在"字符"面板中单击"仿粗体"按钮将字母加粗。效果如图 20-86 所示。

图 20-85

图 20-86

步骤 08 使用同样的方式输入其他文字。效果如图 20-87 所示。

图 20-87

步骤 09 选择青色矩形中的文字图层，使用自由变换组合键 Ctrl+T 将其进行适当的旋转。效果如图 20-88 所示。接着将白色矩形图层隐藏，可以看到文字有超出青色矩形的部分，需要将其隐藏。选择该文字图层，使用"矩形选框工具"绘制选区，如图 20-89 所示。

图 20-88　　　　　　图 20-89

步骤 10 在当前选区状态下为该图层添加图层蒙版，将文字超出的部分隐藏，如图 20-90 所示。效果如图 20-91 所示。

图 20-90　　　　　　图 20-91

步骤 11 将隐藏的白色矩形图层显示出来。继续使用"横排文字工具"，在书名文字下方以及左下角输入文字，并在"字符"面板中进行相应的设置。效果如图 20-92 所示。此时封面的平面效果图制作完成。按住 Ctrl 键依次加选各个图层，将其编组并命名为"封面"。

步骤 12 将封面图层组复制一份，并使用合并图层组合键 Ctrl+E 合并为单独的图层，命名为"封面 拷贝"。如图 20-93 所示，以备后面操作使用。

图 20-92　　　　　　图 20-93

Part 2　制作书脊与封底

步骤 01 单击工具箱中的"矩形工具"按钮，在选项栏中设置"绘制模式"为"形状"，"填充"为青色，"描边"为无，设置完成后在书籍封面左边绘制书脊的形状，如图 20-94 所示。然后在不选中任何矢量图层的情况下，更改填充颜色，使用同样的方式在青色矩形的中间位置再次绘制一个白色的矩形。效果如图 20-95 所示。

图 20-94　　　　　　图 20-95

步骤 02 选择封面图层组中的枫叶图层和 TO ONE 文字图层，使用组合键 Ctrl+J 将其复制一份。然后选择复制得到的图层更改颜色与大小，并将其进行适当的旋转。操作完成后移至书脊位置的白色矩形上方。效果如图 20-96 所示。然后使用同样的方式复制其他文字并进行相应的操作。效果如图 20-97 所示。此时书脊制作完成。按住 Ctrl 键依次加选各个图层，将其编组并命名为"书脊"。

图 20-96　　　　　图 20-97

步骤 03 同样将书脊图层组进行复制并合并为单独图层，命名为"书脊 拷贝"，如图 20-98 所示。以备后面操作使用。

步骤 04 制作书籍的封底。单击工具箱中的"矩形工具"按钮，在选项栏中设置"绘制模式"为"形状"，"填充"为深青色，"描边"为无，设置完成后在画面左侧位置绘制矩形，如图 20-99 所示。

图 20-98　　　　　图 20-99

步骤 05 选择封面下方文字所在图层将其复制一份。然后选择复制得到的文字将其移至封底左上角位置并调整字体大小。效果如图 20-100 所示。然后执行"文件 > 置入嵌入的对象"命令，将条码素材 2.jpg 置入画面中，调整大小放在封底的右下角位置并将该图层进行栅格化处理。此时封底的平面效果图制作完成。按住 Ctrl 键依次加选各个图层，将其编组并命名为"封底"。效果如图 20-101 所示。

图 20-100　　　　　图 20-101

Part 3　制作立体展示效果

步骤 01 执行"文件 > 置入嵌入的对象"命令，将素材 3.jpg 置入画面中。调整大小使其充满整个画面并将该图层进行栅格化处理，如图 20-102 所示。

图 20-102

步骤 02 选择"封面 拷贝"图层，将其移至素材 3 图层上方位置。选择该图层，使用自由变换组合键 Ctrl+T 调出定界框，将光标放在定界框外按住鼠标左键进行旋转，如图 20-103 所示。然后在该变换状态下，右击，在弹出的快捷菜单中执行"扭曲"命令，使该图形与立体书籍的封面边缘相吻合，如图 20-104 所示。操作完成后按 Enter 键。

图 20-103　　　　　图 20-104

步骤 03 使用同样的方式制作书脊的立体展示效果。至此人物传记书籍封面的立体展示效果制作完成。效果如图 20-105 所示。

扫一扫，看视频

图 20-105

20.4　儿童书籍封面设计

文件路径	资源包 \ 第 20 章 \ 儿童书籍封面设计
难易指数	⭐⭐⭐⭐⭐
技术掌握	形状工具、钢笔工具、混合模式、图层样式、自由变换

案例效果

案例对比效果如图 20-106 和图 20-107 所示。

图 20-106　　　　　　图 20-107

操作步骤

Part 1　制作书籍封面的背景

步骤 01　执行"文件>新建"命令，在弹出的"新建"窗口中设置"宽度"为 3385 像素，"高度"为 2173 像素，"分辨率"为 72 像素，"颜色模式"为 RGB 模式，"背景内容"为透明，设置"前景色"为蓝灰色，使用填充前景色组合键 Alt+Delete 填充画面，如图 20-108 所示。为了方便后面的制作，可以先创建两条辅助线，以分割出封面、书脊和封底。使用组合键 Ctrl+R 调出标尺，从左侧标尺上按住鼠标左键拖曳出两条辅助线，使辅助线左右两个区域相等，如图 20-109 所示。

图 20-108　　　　　　图 20-109

💡 **提示：创建精确位置的参考线**

徒手拖曳出的参考线位置尺寸很难精准。可以执行"视图>新建参考线"命令，在弹出的"新建参考线"窗口中设置取向和位置，即可得到位置精确的参考线，如图 20-110 所示。

图 20-110

步骤 02　制作书的封面。先制作背景底色的蓝色云朵，制作之前在"图层"面板底部单击创建新组，单击组名

设置为"蓝云"，将蓝色云朵的制作图层建立在该组内。单击工具箱中的"钢笔工具"按钮，在选项栏中设置"绘制模式"为"路径"，在画面底部单击确定路径起点，移动光标向上按住鼠标左键拖曳绘制路径，继续将光标放置在其他位置绘制路径，最后单击起点形成闭合路径，如图 20-111 所示。使用组合键 Ctrl+Enter 将路径转化为选区，如图 20-112 所示。

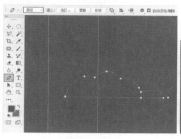

图 20-111　　　　　　图 20-112

步骤 03　设置"前景色"为蓝色，使用组合键 Alt+Delete 填充选区，如图 20-113 所示。接着制作蓝色云朵上的边线，单击工具箱中的"钢笔工具"按钮，在选项栏中设置"绘制模式"为"形状"，"填充"为无，"描边"为深青色，"描边宽度"为 0.48 点，"描边类型"为虚线，在画面中绘制形状路径，如图 20-114 所示。

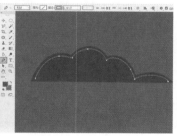

图 20-113　　　　　　图 20-114

步骤 04　在"图层"面板中选择"蓝云"组，右击，在弹出的快捷菜单中执行"复制组"命令，复制出"蓝云拷贝"组。选择"蓝云 拷贝"组，将其向右移动，使用自由变换组合键 Ctrl+T 调出定界框，对其进行缩放，按 Enter 键完成变换，如图 20-115 所示。使用同样的方式再复制一组蓝云，如图 20-116 所示。

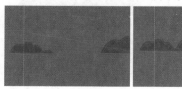

图 20-115　　　　　　图 20-116

步骤 05 在该复制的蓝云组内双击蓝云图层缩略图，在弹出的"拾色器（纯色）"窗口中更改填充颜色为浅一些的颜色，如图 20-117 所示。效果如图 20-118 所示。

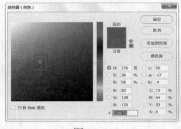

图 20-117

图 20-118

步骤 06 为云朵添加阴影。新建图层，单击工具箱中的"矩形选框工具"按钮，在画面云朵位置按住鼠标左键拖曳绘制矩形选区，如图 20-119 所示。单击工具箱中的"渐变工具"按钮，在选项栏单击"渐变色条"按钮，在弹出的"渐变编辑器"窗口中编辑一个灰色系的半透明渐变，"渐变方式"为"线性渐变"，将光标定位在选区底部，按住鼠标左键向上拖曳填充渐变，如图 20-120 所示。

图 20-119 图 20-120

步骤 07 在"图层"面板中设置"混合模式"为"正片叠底"，"不透明度"为 50%，如图 20-121 所示。效果如图 20-122 所示。

图 20-121 图 20-122

步骤 08 单击工具箱中的"矩形工具"按钮，在选项栏中设置"绘制模式"为"形状"，"填充"为棕色，在画面底部按住鼠标左键拖曳绘制矩形，如图 20-123 所示。

图 20-123

Part 2 制作封面光泽效果

步骤 01 新建图层。单击工具箱中的"矩形选框工具"按钮，在画面右侧位置按住鼠标左键拖曳绘制矩形选区，如图 20-124 所示。单击工具箱中的"渐变工具"按钮，在选项栏中单击"渐变色条"按钮，在弹出的"渐变编辑器"窗口中编辑一个从灰色到白色的渐变，"渐变方式"为"径向渐变"，将光标定位在选区内，按住鼠标左键向外拖曳填充渐变，如图 20-125 所示。

图 20-124 图 20-125

步骤 02 在"图层"面板中设置"混合模式"为"正片叠底"，如图 20-126 所示。右侧的页面呈现出四角压暗的效果，如图 20-127 所示。

图 20-126 图 20-127

步骤 03 使用同样的方式制作中间的压暗效果，如图 20-128 所示。然后使用同样的方式制作左侧的压暗效果，如图 20-129 所示。

 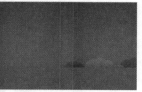

图 20-128　　　　　　　图 20-129

步骤 04　对背景进行明暗调整。执行"图层 > 新建调整图层 > 曲线"命令，在弹出的"属性"面板中将光标定位在曲线上，单击添加控制点并向上拖曳，将光标移到曲线上另一点，然后单击添加控制点并向下拖曳，使曲线成 S 形，增强画面对比度，如图 20-130 所示。效果如图 20-131 所示。

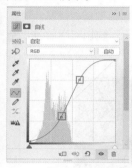 

图 20-130　　　　　　　图 20-131

Part 3　制作书籍封面上的图形元素

步骤 01　制作浅色云朵。单击工具箱中的"椭圆形工具"按钮，在选项栏中设置"绘制模式"为"形状"，"填充"为浅灰色，然后在画面中按住 Shift 键拖动绘制一个正圆，如图 20-132 所示。使用同样的方式绘制另外一个小正圆，如图 20-133 所示。

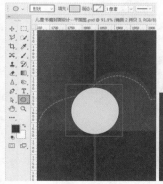 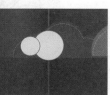

图 20-132　　　　　　　图 20-133

步骤 02　使用同样的方式绘制另外 4 个稍小的正圆，并填充亮灰色，如图 20-134 所示。

图 20-134

步骤 03　在"图层"面板中按住 Ctrl 键依次单击加选 6 个正圆图层，然后使用组合键 Ctrl+G 进行编组。选择该图层组，执行"图层 > 图层样式 > 外发光"命令，设置"混合模式"为"正片叠底"，"不透明度"为 30%，"颜色"为黑色，"方法"为"柔和"，"大小"为 35 像素。参数设置如图 20-135 所示。设置完成后单击"确定"按钮，效果如图 20-136 所示。

图 20-135　　　　　　　图 20-136

步骤 04　选择图层组，使用组合键 Ctrl+J 将图层复制一份，然后使用组合键 Ctrl+E 将复制的图层组进行合并。再将合并的云朵移到画面的右侧，并适当地调整其大小，如图 20-137 所示。使用同样的方式制作白色的云朵并添加"外发光"图层样式。效果如图 20-138 所示。

图 20-137　　　　　　　图 20-138

步骤 05　单击工具箱中的"钢笔工具"按钮，在选项栏中设置"绘制模式"为"形状"，"填充"为黄色。在画面云朵上方绘制月亮的形状，如图 20-139 所示。选择月亮图层，执行"图层 > 图层样式 > 投影"命令，设置"投影颜色"为青蓝色，"混合模式"为"正片叠底"，"不透明度"为 50%，"角度"为 135 度，"距离"为 20 像素，"大小"为 25 像素，如图 20-140 所示。效果如图 20-141 所示。

图 20-139

图 20-140

图 20-141

步骤 06 制作将月亮挂起的蝴蝶结绳。选择"钢笔工具"，设置"绘制模式"为"形状"，"填充"为无，"描边"为淡青色，"描边粗细"为 5 像素，然后绘制一段直线，如图 20-142 所示。使用"钢笔工具"绘制蝴蝶结左右两侧的图形，如图 20-143 和图 20-144 所示。

图 20-142　　　　　　图 20-143

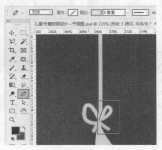

图 20-144

步骤 07 使用同样的方式制作另外一组蝴蝶结。效果如图 20-145 所示。

步骤 08 复制一个白色云朵，然后将其移到月亮图层上。效果如图 20-146 所示。

图 20-145　　　　　图 20-146

步骤 09 在画面的顶部制作悬挂的星形。单击工具箱中的"矩形工具"按钮，在选项栏中设置"绘制模式"为"形状"，"填充"为灰色，在画面顶部按住鼠标左键拖曳绘制矩形，如图 20-147 所示。单击工具箱中的"自定形状工具"按钮，在选项栏中设置"绘制模式"为"形状"，"填充"为黄色，单击"形状"下拉按钮，在"形状"下面板中选择"五角星"，在画面顶部按住鼠标左键拖曳绘制五角星，如图 20-148 所示。使用同样的方式制作更多悬挂的五角星，如图 20-149 所示。

图 20-147

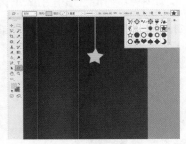

图 20-148

图 20-149

步骤 10 添加人物卡通素材。执行"文件 > 置入嵌入的对象"命令，在弹出的"置入嵌入的对象"窗口中选择素材 1.png，单击"置入"按钮，并缩放到适当位置，按 Enter 键完成置入。执行"图层 > 栅格化 > 智能对象"命令，将该图层栅格化为普通图层，如图 20-150 所示。

图 20-150

步骤 11 制作卡通素材的投影。在"图层"面板中按 Ctrl 键单击图层缩略图，载入选区。新建图层，设置"前景色"为黑色，使用组合键 Alt+Delete 填充选区，如图 20-151 所示。接着使用自由变换组合键 Ctrl+T 调出定界框，右击，在弹出的快捷菜单中执行"扭曲"命令，将光标定位在控制点上，按住鼠标左键进行拖曳，对其进行变形，如图 20-152 所示。

图 20-151　　　　　　图 20-152

步骤 12 执行"滤镜 > 模糊 > 高斯模糊"命令，在弹出的"高斯模糊"窗口中设置"半径"为 6 像素，单击"确定"按钮完成设置，如图 20-153 所示。效果如图 20-154 所示。

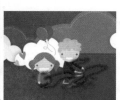

图 20-153　　　　　　图 20-154

步骤 13 将投影图层移到卡通图层的下一层，如图 20-155 所示。然后将投影图层的"不透明度"设置为 40%，如图 20-156 所示。效果如图 20-157 所示。

图 20-155　　　　图 20-156　　　　图 20-157

Part 4　制作书籍封面上的文字

步骤 01 在画面中添加文字。单击工具箱中的"横排文字工具"按钮，在选项栏中设置合适的"字体""字号"，设置"填充"为黄色，在画面中间位置单击输入文字，如图 20-158 所示。为文字制作投影，执行"图层 > 图层样式 > 投影"命令，在弹出的"图层样式"窗口中设置"混合模式"为"正片叠底"，"投影颜色"为黑色，"不透明度"为 75%，"角度"为 120 度，"距离"为 2 像素，"扩展"为 0%，"大小"为 2 像素，单击"确定"按钮完成设置，如图 20-159 所示。效果如图 20-160 所示。

图 20-158　　　　　　图 20-159　　　　　　图 20-160

步骤 02 使用同样的方式制作第二行文字，如图 20-161 所示。

图 20-161

步骤 03 制作书脊。在"图层"面板中选择黄色书名文字图层，右击，在弹出的快捷菜单中执行"复制图层"命令。选择复制图层，使用自由变换组合键 Ctrl+T 调出定界框，对其进行选择并移到适当位置，按 Enter 键完成变换，如图 20-162 所示。继续将第二行文字摆放在书脊上，如图 20-163 所示。

图 20-162　　　　图 20-163

步骤 04 书的封面和书脊的内容已经制作完成。封底中的内容与封面内容有很多相同的元素，所以选择相同内容的图层进行复制和自由变换，并放置在适当位置即可。输入底部的文字，书籍封面的平面图就制作完成了，如图 20-164 所示。

图 20-164

Part 5　制作书籍的立体效果

步骤 01 使用组合键 Ctrl+Shift+Alt+E 进行盖印，将书籍封面所有的图层盖印到一个图层中，如图 20-165 所示。

图 20-165

步骤 02 将背景 2.jpg 素材在 Photoshop 中打开，如图 20-166 所示。然后将素材 3.png 置入文档中，再按 Enter 键确定置入操作，如图 20-167 所示。

图 20-166　　　　　　图 20-167

步骤 03 回到平面图的文档中，选择盖印图层，然后单击工具箱中的"矩形选框工具"按钮，再在封面上方绘制一个矩形选区，并使用组合键 Ctrl+C 进行复制，如图 20-168 所示。回到立体效果文档中，使用组合键 Ctrl+V 进行粘贴，如图 20-169 所示。

图 20-168

图 20-169

步骤 04 使用自由变换组合键 Ctrl+T 调出定界框，将光标定位在控制点处，按 Ctrl 键并按住鼠标左键拖曳进行扭曲，如图 20-170 所示。变形完成后按 Enter 键确定变换操作。

图 20-170

提示：在变换的过程中可以降低不透明度

　　在进行扭曲变形时可以降低图层的不透明度，通过半透明的图层可以观察到下方书籍的位置，然后进行扭曲变形，如图 20-171 和图 20-172 所示。

图 20-171　　　　　图 20-172

步骤 05 在"图层"面板中设置"混合模式"为"正片叠底"，如图 20-173 所示。效果如图 20-174 所示。

图 20-173　　　　　图 20-174

步骤 06 制作书脊部分。将书脊部分复制到立体效果

文档中，如图 20-175 所示。同样使用自由变换组合键 Ctrl+T 调出定界框，将其进行扭曲，使之与书脊部分形态相吻合，如图 20-176 所示。

图 20-175　　　　　图 20-176

步骤 07 右击，在弹出的快捷菜单中执行"变形"命令，如图 20-177 所示。将光标定位在定界框底部的中间控制杆，按住鼠标左键向上拖曳对其变形，如图 20-178 所示。

图 20-177　　　　　图 20-178

步骤 08 同样对另一侧的定界框进行调整，按 Enter 键完成调整，如图 20-179 所示。并在"图层"面板中设置"混合模式"为"正片叠底"，如图 20-180 所示。

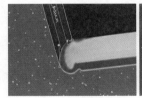

图 20-179　　　　　图 20-180

步骤 09 使用同样的方式制作另外一本立体书籍，效果如图 20-181 所示。最后使用黑色半透明"画笔工具"为两本立体书籍分别添加一些阴影。最终效果如图 20-182 所示。

图 20-181　　　　　图 20-182

Chapter 21
21
第21章

视觉形象设计

本章内容简介

企业形象识别系统（CIS）由理念识别（MI）、行为识别（BI）、视觉识别（VI）三个大模块组成。视觉识别是根据企业文化、企业产品进行一系列视觉方面的包装，以此区别其他企业和其他产品的手段，是企业的无形资产。本章主要学习 VI 设计的基础知识，并通过相关案例的制作进行 VI 设计制图的练习。

优秀作品欣赏

21.1 认识视觉形象设计

企业形象识别系统（CIS）是由理念识别（MI）、行为识别（BI）、视觉识别（VI）三个大模块组成。视觉识别是根据企业文化、企业产品进行一系列视觉方面的包装，以此区别其他企业和其他产品的手段，是企业的无形资产。

21.1.1 VI 的含义

VI 是 CIS 的重要组成部分，它是通过用视觉形象来进行个性识别。VI 识别系统作为企业的外在形象，浓缩着企业特征、信誉和文化，代表其品牌的核心价值。它是传播企业经营理念、建立企业知名度、塑造企业形象的最快速的途径，如图 21-1 和图 21-2 所示。VI 设计主要内容包括基础部分和应用部分两大部分。

图 21-1　　　　　　图 21-2

21.1.2 VI 设计的主要组成部分——基础部分

基础部分是视觉形象系统的核心，主要包括品牌名称、品牌标志、标准字体、品牌标准色、品牌象征图形、品牌吉祥物以及禁用规则等。

- 品牌名称：品牌名称即企业的命名。企业的命名方法有很多种，如以名字或名字的第一个字母命名，或以地方命名，或以动物、水果、物体命名等。品牌名称是浓缩了品牌的特征、属性、类别等多种信息而塑造的名称。通常企业名称要求简单、明确、易读、易记忆，且能够引发联想，如图 21-3 所示。

- 品牌标志：品牌标志是在掌握品牌文化、背景、特色的前提下利用文字、图形、色彩等元素设计出来的标识或符号。品牌标志又称为品标，与品牌名称都是构成完整的品牌的要素。品牌标志以直观、形象的形式向消费者传达了品牌信息，塑造了品牌形象，创造了品牌认知，给品牌企业创造了更多价值，如图 21-4 所示。

图 21-3　　　　　　图 21-4

- 标准字体：标准字体是指经过设计的、专用以表现企业名称或品牌的字体，也可称为专用字体、个性字体等。标准字体包括企业名称标准字和品牌标准字的设计。更具严谨性、说明性和独特性，强化了企业形象和品牌的诉求，并且达到视觉和听觉同步传递信息的效果，如图 21-5 所示。

- 品牌标准色：品牌标准色是用来象征企业或产品特性的颜色，是建立统一形象的视觉要素之一，能正确地反映品牌理念的特质、属性和情感，以快速而精确地传达企业信息为目的。标准色的设计有单色标准色、复合标准色、多色系统标准色等类型。标准色设计主要体现企业的经营理念和产品特性、突出竞争企业之间的差异性、适合消费心理等，如图 21-6 所示。

图 21-5　　　　　　图 21-6

- 品牌象征图形：品牌象征图形也称为辅助图形，是为了有效地辅助视觉系统的应用。辅助图形在传播媒介中可以丰富整体内容、强化企业整体形象，如图 21-7 所示。

- 品牌吉祥物：品牌吉祥物是为配合广告宣传，为企业量身打造的人物、动物、植物等拟人化的造型。以这种形象拉近与消费者之间的关系，拉近与品牌的距离，使得整个品牌形象更加生动、有趣，让人印象深刻，如图 21-8 所示。

图 21-7　　　　　　图 21-8

21.1.3　VI设计的主要组成部分——应用部分

应用部分是将 VI 基础部分中设定的规则应用到应用部分的各个元素上，以求一种同一性、系统性来加强品牌形象。应用部分主要包括办公事务用品、产品包装、环境和指示、交通工具、服装服饰、广告媒体、店面招牌、陈列展示、印刷出版物、网络推广等。

- 办公事务用品：办公事务用品主要包括名片、信封、便笺、合同书、传真函、报价单、文件夹、文件袋、资料袋、工作证、备忘录、办公用具等，如图 21-9 所示。
- 印刷品：VI 设计中的印刷品主要是指设计编排一致，以固定印刷字体和排版格式并将品牌标志与标准字统一安置于某一特定的版式以营造一种统一的视觉形象为目的的印刷物。主要包括企业简介、商品说明书、产品简介、年历、宣传明信片，如图 21-10 所示。
- 广告媒体：主要包括各种报纸、杂志、招贴广告等媒介方式。采用各种类型的媒体和广告形式，能够快速、广泛地传播企业信息，如图 21-11 所示。

图 21-9　　　　　　　　　图 21-10　　　　　　　　　图 21-11

- 产品包装：包括纸盒包装、纸袋包装、木箱包装、玻璃包装、塑料包装、金属包装、陶瓷包装等多种材料形式的包装。产品包装不仅保护产品在运输过程中不受损害，还起着传播、销售企业和品牌形象的作用，如图 21-12 所示。
- 服装服饰：统一的服装服饰设计，不仅可以在与受众面对面服务起到辨识作用，还能提高品牌员工的归属感、荣誉感、责任感，以及工作效率。VI 设计中的服装服饰部分主要包括男女制服、工作服、文化衫、领带、工作帽、纽扣、肩章等，如图 21-13 所示。
- 交通工具：包括业务用车、运货车等企业的各种车辆，如轿车、面包车、大巴车、货车、工具车等，如图 21-14 所示。

图 21-12　　　　　　　　　图 21-13　　　　　　　　　图 21-14

- 内外部建筑：VI 设计的建筑外部主要包括建筑造型、公司旗帜、门面招牌、霓虹灯等。内部主要包括各部门标识牌、楼层标识牌、形象牌、旗帜、广告牌、POP 广告等，如图 21-15 所示。
- 陈列展示：陈列展示是以突出品牌形象对企业产品或企业发展历史的展示宣传活动。它主要包括橱窗展示、会场设计展示、货架商品展示、陈列商品展示等，如图 21-16 所示。
- 网络推广：网络推广是 VI 设计中的一种新兴的应用方面，包括网页的版式设计和基本流程等方面。主要包括品牌的主页、品牌活动介绍、品牌代言人展示、品牌商品网络展示和销售等，如图 21-17 所示。

| 图 21-15 | 图 21-16 | 图 21-17 |

21.2　科技感企业 VI 设计

文件路径	资源包 \ 第 21 章 \ 科技感企业 VI 设计
难易指数	⭐⭐⭐⭐⭐
技术掌握	横排文字工具、钢笔工具、矩形工具、图层样式

案例效果

案例效果如图 21-18 ～图 21-20 所示。

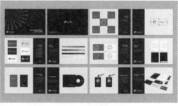

扫一扫，看视频

| 图 21-18 | 图 21-19 | 图 21-20 |

操作步骤

Part 1　企业标志设计

步骤 01　执行"文件 > 新建"命令，创建一个大小合适的空白文档。首先制作标志的主体图案，本案例中的标志图案是以字母 Q 为原型，通过对文字进行变形，并利用不同的颜色将标志图形分割为三个部分，呈现出整个标志。单击工具箱中的"横排文字工具"按钮，在选项栏中设置合适的"字体""字号"，"颜色"为白色，设置完成后在画面中单击输入文字，操作完成后按 Ctrl+Enter 组合键完成操作，如图 21-21 所示。接着需要为字母 Q 进行适当的变形。选择文字图层，右击，在弹出的快捷菜单中执行"转换为形状"命令，将文字转换为形状。此时文字上出现可以进行操作的锚点。效果如图 21-22 所示。

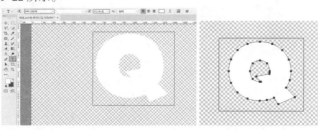

| 图 21-21 | 图 21-22 |

步骤 02 单击工具箱中的"直接选择工具"按钮，将光标放在锚点上按住鼠标拖动对字母进行适当的变形，效果如图 21-23 所示。接下来需要制作图形上的几个不同的分割区域。选择变形完成的字母图层，使用组合键 Ctrl+J 将其复制一份，更改填充颜色为蓝色，如图 21-24 所示。

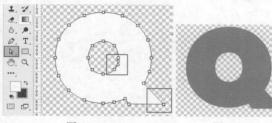

图 21-23　　　　　　图 21-24

步骤 03 为了便于观察，可以将其他图层隐藏。选择蓝色的文字图层，单击工具箱中的"钢笔工具"按钮，在选项栏中设置路径"合并模式"为"减去顶层形状"，设置完成后在文字上方绘制出另外两部分路径，将这两部分隐藏，如图 21-25 所示。

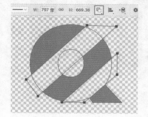

图 21-25

步骤 04 再次复制原始图形，更改颜色为深灰色，在选项栏中设置"合并模式"为"与形状区域相交"，然后绘制一个倾斜的图形，使灰色图形只保留中间的这个区域，如图 21-26 所示。将蓝色部分显示出来，如图 21-27 所示。此时标志图案制作完成。可以将制作好的标志图案部分进行编组，将其编组并命名为"标志图案"。

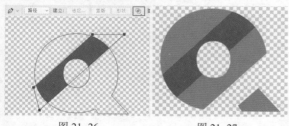

图 21-26　　　　　　图 21-27

步骤 05 将背景填充为浅灰色。将标志图形复制一份放在矩形左边位置。单击"横排文字工具"按钮，在选项栏中设置合适的"字体""字号"和"颜色"，设置完成后在画面中单击输入文字，如图 21-28 所示。文字输入完成后按 Ctrl+Enter 组合键完成操作。

图 21-28

步骤 06 单击工具箱中的"矩形选区工具"按钮，在标志文字字母 i 上方绘制选区，如图 21-29 所示。然后执行"图层 > 图层蒙版 > 隐藏选区"命令，将此部分隐藏，如图 21-30 所示。

图 21-29　　　　　　图 21-30

步骤 07 为字母 i 制作另外一种颜色的圆点。单击工具箱中的"椭圆工具"按钮，在选项栏中设置"绘制模式"为"形状"，"填充"为蓝色，"描边"为无，设置完成后在字母 i 上方按住 Shift 键的同时按住鼠标左键拖动绘制一个正圆，如图 21-31 所示。

图 21-31

步骤 08 使用"横排文字工具"，在已有文字下方位置单击输入文字。选择该文字图层，执行"窗口 > 字符"命令，在弹出的"字符"面板中单击"仿斜体"按钮将字体进行倾斜，如图 21-32 所示。效果如图 21-33 所示。

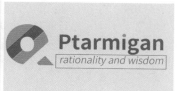

图 21-32　　　　　　　　图 21-33

步骤 09 在标志主体文字右上角位置添加一个商标注册标记。单击工具箱中的"自定形状工具"按钮,在选项栏中设置"绘制模式"为"形状","填充"为灰色,"描边"为无,在"形状"下拉菜单中选择商标注册标志图案,设置完成后在主体文字右上角按住 Shift 键的同时按住鼠标左键绘制形状,如图 21-34 所示。

图 21-34

步骤 10 此时标志制作完成,效果如图 21-35 所示。将构成标志的图形编组,以备后面操作使用。接下来制作处于深色背景下的浅色标志。将背景填充为深灰色,将已有标志组进行复制,更改图形及各部分文字的颜色。效果如图 21-36 所示。

图 21- 35　　　　　　　图 21-36

步骤 11 制作标志的黑白稿。复制标志组,将标志中的文字以及图形颜色全部更改为黑色,如图 21-37 所示。再次复制标志,将背景填充为黑色,将标志中的文字以及图形颜色全部更改为白色,得到纯白稿,如图 21-38 所示。

图 21-37　　　　　　　　图 21-38

步骤 12 将制作好的标志图案和文字部分进行复制,调整大小并摆放在合适的位置上,呈现出标志的不同组合方式,如图 21-39 所示。

图 21-39

Part 2　标准图案设计

步骤 01 新建大文档,填充背景为浅灰色。单击工具箱中的"矩形工具"按钮,在选项栏中设置"绘制模式"为"形状","填充"为白色,"描边"为无,设置完成后在画面右上角绘制矩形,如图 21-40 所示。使用"钢笔工具"绘制一个细长的三角形,如图 21-41 所示。

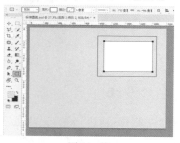

图 21-40

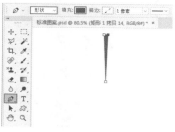

图 21-41

步骤 02 选择该图形图层，使用自由变换组合键 Ctrl+T 调出定界框，在选项栏中单击☑▦▦按钮，启用"中心点"。将光标定位到下方图形外侧，按住 Alt 键单击，移动中心点的位置。接下来将光标移到定界框的右上角，当光标变为旋转的状态时，按住 Shift 键的同时将图形顺时针旋转 15 度，如图 21-42 所示。操作完成后按 Enter 键。接着连续多次使用组合键 Ctrl+Shift+Alt+T，得到环绕一周的图形。效果如图 21-43 所示。

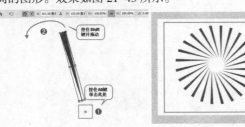

图 21-42   图 21-43

步骤 03 在图形下方添加文字。单击工具箱中的"横排文字工具"按钮，在选项栏中设置合适的"字体""字号"和"颜色"，设置完成后在白色矩形下方单击输入文字，如图 21-44 所示。复制制作好的一组标准图案，移动到其他位置，更改颜色以及文字，此时企业标志的标准图案制作完成。效果如图 21-45 所示。

图 21-44   图 21-45

Part 3   名片设计

步骤 01 执行"文件 > 新建"命令，新建一个名片尺寸的空白文档。新建图层，并填充为深灰色。将之前制作好的标志摆放到当前文档中，调整大小放在画面上半部分，如图 21-46 所示。

图 21-46

步骤 02 单击工具箱中的"横排文字工具"按钮，在下方输入文字，选择文字对象，执行"窗口 > 字符"命令，在弹出的"字符"面板中设置合适的"字体""字号"和"颜色"，设置"字符间距"为 300，然后单击面板底部的"全部大写字母"按钮，将全部字母设置为大写，如图 21-47 所示。效果如图 21-48 所示。

图 21-47   图 21-48

步骤 03 使用同样的方式在已有文字下方位置单击输入文字，在"字符"面板中设置"字符间距"为 620，效果如图 21-49 所示。继续在下方单击输入更小一些的文字，如图 21-50 所示。

图 21-49   图 21-50

步骤 04 将之前制作好的标准图案拖曳到当前画面，调整大小放在文字左边位置。接着选中该图层组使用组合键 Ctrl+E 进行合并。单击工具箱中的"矩形选框工具"按钮，接着在图形上方绘制选区，如图 21-51 所示。

图 21-51

步骤 05 在当前选区状态下，选择该图形图层，单击面板底部的"添加图层蒙版"按钮，为该图层添加图层蒙版，将不需要的部分隐藏。画面效果如图 21-52 所示。按住 Ctrl 键依次加选更改图层，将其编组并命名为"名片 - 正面"。

图 21-52

步骤 06 为画面增加纸张纹理效果，增强名片的立体真实感。选择编组的图层组，执行"图层 > 图层样式 > 斜面和浮雕"命令，在弹出的"图层样式"窗口中勾选"纹理"复选框，在"结构"面板中设置"样式"为"内斜面"，"方法"为"平滑"，"深度"为 100%，"方向"选中"上"单选按钮，"大小"为 2 像素，"软化"为 0 像素。接着勾选左侧的"纹理"复选框，选择一种杂点效果的图案，如图 21-53 所示。设置完成后单击"确定"按钮完成操作，如图 21-54 所示。

图 21-53

图 21-54

步骤 07 效果如图 21-55 所示。此时名片正面的平面效果图制作完成。选择该图层组将其复制一份，然后将复制得到的图层组转换为智能对象，以备后面操作使用。接着制作名片背面，新建图层填充为深蓝色，将标志放在下方，如图 21-56 所示。

图 21-55　　　图 21-56

步骤 08 将制作好的标准图案摆放在名片背面的左上角，如图 21-57 所示。并选中图层组使用组合键 Ctrl+E 进行合并，接着设置该图层的"填充"为 10%，如图 21-58 所示。效果如图 21-59 所示。

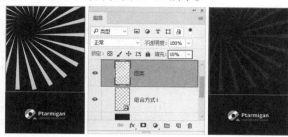

图 21-57　　　　图 21-58　　　　图 21-59

步骤 09 为该图案添加图层样式，让画面的整体效果更加丰富。选择图案图层，执行"图层 > 图层样式 > 图案叠加"命令，在弹出的"图层样式"窗口中设置"混合模式"为"柔光"，"不透明度"为 100%，选择带有岩石质感的图案，"缩放"为 240%，如图 21-60 所示。接着启用"图层样式"左侧的"渐变叠加"图层样式，设置"混合模式"为"叠加"，"不透明度"为 100%，"渐变"为灰白金属系渐变，"样式"为"线性"，"角度"为 120 度，"缩放"为 93%，如图 21-61 所示。

图 21-60　　　　　　图 21-61

步骤 10 启用"图层样式"左侧的"内阴影"图层样式，设置"混合模式"为"正片叠底"，"颜色"为黑色，"不透明度"为 80%，"角度"为 -65 度，"距离"为 1 像素，"阻塞"为 0%，"大小"为 5 像素，"杂色"为 0%，设置完成后单击"确定"按钮完成操作，如图 21-62 所示。效果如图 21-63 所示。

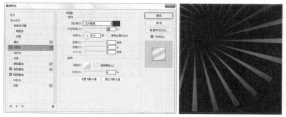

图 21-62　　　　图 21-63

步骤 11 按住 Ctrl 键依次加选各个图层，将其编组并命名为"名片 – 背面"。选择"名片 – 正面"图层组，右击，在弹出的快捷菜单中执行"拷贝图层样式"命令，复制"斜面和浮雕"图层样式，如图 21-64 所示。然后选择"名片 – 背面"图层组，右击，在弹出的快捷菜单中执行"粘贴图层样式"命令，将图层样式粘贴到该图层组，如图 21-65 所示。效果如图 21-66 所示。此时名片背面的平面效果图制作完成。选择该图层组将其复制一份，然后将复制得到的图层组转换为智能对象，以备后面操作使用。

图 21-64　　　　　　　　图 21-65　　　　　　　　图 21-66

步骤 12 制作信纸、光盘和工作证，这些内容的制作方法非常相似，都需要多次调用之前制作好的标志以及标准图案。效果如图 21-67 ～图 21-69 所示。

图 21-67　　　　　　　　图 21-68　　　　　　　　图 21-69

Part 4　办公用品展示效果

步骤 01 制作办公用品的展示效果。以光盘盒为例，主要是通过对制作好的办公用品平面图进行自由变换调整其形态，并适当添加"投影"等图层样式，增加其立体感。首先创建新文档，将背景填充为渐变的灰色。将制作好的光盘盒合并为一个图层，并拖曳到当前画面中，调整大小放在画面中，如图 21-70 所示。接着选择该图层，使用自由变换组合键 Ctrl+T 调出定界框，右击，在弹出的快捷菜单中执行"变形"命令，对图层进行变形，使其呈现出物体摆放的效果，如图 21-71 所示。操作完成后按 Enter 键。

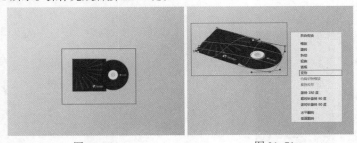

图 21-70　　　　　　　　　图 21-71

步骤 02 选择该图层，执行"图层 > 图层样式 > 投影"命令，在弹出的"图层样式"窗口中设置"混合模式"为"正片叠底"，"颜色"为黑色，"不透明度"为 30%，"角度"为 90 度，"距离"为 6 像素，"扩展"为 0%，"大小"为 5

像素，"杂色"为 0%，设置完成后单击"确定"按钮完成操作，如图 21-72 所示。效果如图 21-73 所示。

图 21-72　　　　　　　　　图 21-73

步骤 03 为光盘盒增加一些光泽感，在其一角处绘制四边形选区，并填充半透明的白色渐变，如图 21-74 所示。

图 21-74

步骤 04 选择该图层，右击，在弹出的快捷菜单中执行"创建剪贴蒙版"命令，创建剪贴蒙版，将周围图层不需要的部分隐藏，如图 21-75 所示。效果如图 21-76 所示。此时光盘盒的立体展示效果制作完成。

图 21-75　　　　　　　　　图 21-76

步骤 05 使用同样的方式对其他办公用品进行变形制作出展示效果，如图 21-77 所示。制作完成后按住 Ctrl 键依次加选各个图层，将其编组并命名为"办公用品"。然后选择该图层将其复制一份，并将复制得到的图层组转换为智能对象，以备后面操作使用。

图 21-77

Part 5　VI 画册设计

步骤 01 制作 VI 画册的封面。执行"文件 > 新建"命令，新建一个空白文档，将背景填充为深蓝色，然后将标准图案摆放在画面左上角位置，如图 21-78 所示。

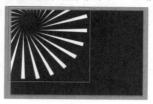

图 21-78

步骤 02 此时图案颜色在画面中过亮，需要降低图案的不透明度。选择该图层，设置"不透明度"为 20%，如图 21-79 所示。效果如图 21-80 所示。

图 21-79　　　　　　　　　图 21-80

步骤 03 将标志摆放在画面左下角位置，如图 21-81 所示。然后需要在画面右下角添加两组大小不同的文字，如图 21-82 所示。

图 21-81　　　　　　　　　图 21-82

步骤 04 制作画册封底。复制构成封面的背景图层，将制作好的标志摆放在封底中央，并调整标志的大小和位置。效果如图 21-83 所示。使用"横排文字工具"，在画面左下角位置输入文字，并在"字符"面板中对文字进行相应的设置。效果如图 21-84 所示。分别对封面及封底部分进行编组，并依次执行"文件 > 存储为"命令，将画面存储为 JPEG 格式，以备后面操作使用。

图 21-83　　　　　　　图 21-84

步骤 05 制作画册内页版式。单击工具箱中的"矩形工具"按钮，在选项栏中设置"绘制模式"为"形状"，"填充"为浅灰色，"描边"为无，设置完成后在画面中绘制一个和背景等大的矩形，如图 21-85 所示。

图 21-85

步骤 06 制作右边的效果。单击工具箱中的"矩形工具"按钮，在选项栏中设置"绘制模式"为"形状"，"填充"为深蓝色，"描边"为无，设置完成后在画面右边位置绘制一个矩形，如图 21-86 所示。

图 21-86

步骤 07 单击工具箱中的"直线工具"按钮，在选项栏中设置"绘制模式"为"形状"，"填充"为蓝色，"描边"为无，"粗细"为 7 像素，设置完成后在深蓝色矩形上方位置按住 Shift 键的同时按住鼠标左键绘制一条水平的直线。然后将该直线图层复制一份，向下移至深蓝色矩形下方位置，如图 21-87 所示。

图 21-87

步骤 08 将标志摆放在右下角。使用"横排文字工具"，在右侧输入标题文字以及说明文字，"对齐方式"设置为"右对齐"，如图 21-88 所示。将构成模板的图层进行编组，命名为"模板 1"，以备后面操作使用。使用同样的方式制作出另一侧页面的模板，如图 21-89 所示。

图 21-88　　　　　　　图 21-89

步骤 09 多次复制模板文件，将之前制作好的标志、标准图案、办公用品等内容依次摆放在画册页面中，并更改合适的标题文字及说明文字。效果如图 21-90～图 21-97 所示。

图 21-90　　　　　　　图 21-91

图 21-92　　　　　　　图 21-93

图 21-94　　　　　　　图 21-95

图 21-96　　　　　　　图 21-97

Chapter
22
第 22 章

3D 图形设计

本章内容简介

  Photoshop 虽然是一款主要用于图像处理以及平面设计的软件，但是在近年来的更新中，其 3D 功能也日益强大。本章主要讲解如何使用 Photoshop 进行 3D 图形的设计和制作。在 Photoshop 中，既可以从零开始创建 3D 对象，也可以将已有的 2D 图层转换为 3D 对象。

优秀作品欣赏

22.1 3D 图形设计基础操作

从平面世界跨入 3D 世界之前，需要了解一些常识。Photoshop 虽然是一款以平面设计著称的制图软件，但是它也具有 3D 制图的功能。虽然在功能上比 Autodesk 3ds Max 或 Autodesk Maya 等专业 3D 制图软件要弱一些，但是使用 Photoshop 制作一些平面作品中用于装饰的立体元素还是绰绰有余的，如图 22-1 所示的立体字可以使用 Photoshop 制作，但是卡通形象无法通过 Photoshop 中的 3D 功能制作。如图 22-2 ～图 22-4 所示为带有 3D 元素的优秀作品。

图 22-1 　　 图 22-2 　　　　 图 22-3 　　　　　　 图 22-4

3D 对象的制作思路与平面图形的绘制方式不太一样，需要经过建模→材质→灯光→渲染这几个步骤，才能将 3D 对象呈现出来，如图 22-5 所示。

（a）建模 　　　　　（b）材质 　　　　　（c）灯光 　　　　　（d）渲染

图 22-5

- 创建模型：模型是 3D 对象的根本，可以从外部导入已经做好的 3D 模型，也可以在 Photoshop 中创建 3D 模型。
- 为模型赋予材质：材质就是 3D 对象表面的质感、图案、纹理等能够从外观"看得到"的属性。例如，一个玻璃杯子，它的材质就是"玻璃"。想要真实地模拟出玻璃材质，就需要分析玻璃的属性，如"无色＋透明＋些许反光"。然后在进行材质属性编辑时，通过参数设置使材质具有这些属性。
- 在 3D 场景中添加光源：没有光的世界是一片黑暗的，在 3D 世界中也是一样。有了光才能够看到模型，模型上出现光影才会产生立体感。在场景中添加光源既可以照亮画面，又可以制作出特殊的光感效果。
- 最后渲染：到这里虽然可以看到基本成型的 3D 对象，但是为了使 3D 对象的效果更接近真实，还需要对 3D 场景进行渲染。

22.1.1　创建常见的 3D 模型

Photoshop 中内置了多种常见的 3D 模型，执行"3D> 从图层新建网格"命令，即可进行创建。选中任意图层，执行"3D> 从图层新建网格 > 网格预设"命令，在弹出的子菜单中可以看到多种 3D 对象的名称，如图 22-6 所示。单击某一项，即可创建出相应的 3D 对象，如图 22-7 所示。

图 22-6

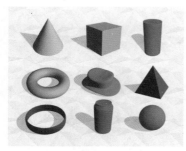

图 22-7

如果当前选择的图层为透明图层，则创建出的对象为淡灰色，如图 22-8 所示；如果当前选择的图层有内容，则会将该图层内容作为模型上的部分材质，如图 22-9 所示。

图 22-8　　　　　　　图 22-9

22.1.2　将2D图层转换为3D效果

（1）选中需要转换为 3D 对象的图层（可以是普通图层、智能对象图层、文字图层、形状图层、填充图层），执行"3D>从所选图层新建 3D 模型"命令，如图 22-10 所示。在弹出的提示窗口中单击"是"按钮，如图 22-11 所示。

图 22-10

图 22-11

（2）此时工作区发生了变化，变为了 3D 功能工作区。在 3D 功能工作区中包含多个与 3D 功能相关的面板，如 3D 面板、"属性"面板，如图 22-12 所示。同时文档窗口中的平面对象变为了 3D 对象（目前显示的效果看不到对象的厚度，是因为当前视图为前视图，调整视角即可看到对象的侧面），并出现"3D 副视图"（此时显示的是俯视图）。单击副视图中的 按钮，在弹出的菜单中选择相应的命令，可以切换到其他几种视图。此外，在文档窗口中还可以单击 、 、 中的任一按钮，调整 3D 视图。其中， 为"环绕移动 3D 相机"、 为"平移相机工具"， 为"移动相机工具"。使用这些工具在画面中按住鼠标左键拖动，可以实现调整画面角度、平移画面等效果，如图 22-13 所示。

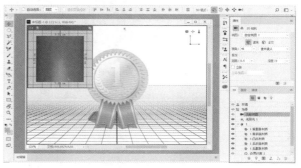

图 22-12

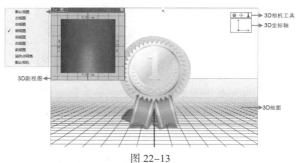

图 22-13

（3）创建 3D 对象后，可以对其属性进行设置。在 3D 面板中选中模型条目，如图 22-14 所示。此时在"属性"面板中就会显示与模型相关的参数选项。例如，此处的模型是通过对图层使用"从所选图层新建 3D 模型"命令得到的，所以在这里可以设置"形状预设""纹理映射""凸出深度"等基础选项。单击"编辑源"按钮，还可以将凸出之前的对象以独立文件的形式打开并进行编辑，如图 22-15 所示。

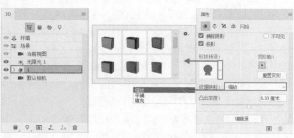

图 22-14　　　　　　　图 22-15

（4）在"属性"面板顶部单击"变形" 按钮，可以对"凸出深度""扭转"以及"锥度"等参数进行设置，从而调整凸出的效果，如图 22-16 所示。在"属性"面板顶部单击"盖子" 按钮，可以对 3D 图形的斜面；"宽度""角度""膨胀""强度"等参数进行设置，如图 22-17 所示。在"属性"面板顶部单击"坐标" 按钮，可以对 3D 图形的位置以及缩放程度进行设置，如图 22-18 所示。

图 22-16　　　　图 22-17　　　　图 22-18

22.1.3　旋转、移动、缩放 3D 对象

在 3D 场景中创建 3D 模型后，如果模型的位置和角度无法满足要求，可以使用"3D 对象工具"进行调整。"3D 对象工具"主要用于 3D 对象的移动、旋转、缩放等操作。想要使用"3D 对象工具"，需要保证当前处于使用"移动工具"状态下，而且必须在 3D 面板中选中 3D 对象条目，选项栏的右侧才会出现"3D 对象工具"。

首先选中一个 3D 对象，在 3D 面板中选中 3D 模型条目，然后单击工具箱中的"移动工具"按钮，在其选项栏中显示出"3D 对象工具"有"旋转 3D 对象工具"、"滚动 3D 对象工具"、"拖动 3D 对象工具"、"滑动 3D 对象工具"和"缩放 3D 对象工具"。使用这些工具对 3D 模型进行调整时，发生改变的只有模型本身，场景不会发生变化，如图 22-19 所示。

图 22-19

单击"旋转 3D 对象工具"按钮，在画面中按住鼠标左键水平拖动，可以围绕 y 轴旋转模型，如图 22-20 所示；上下拖动，可以围绕 x 轴旋转模型，如图 22-21 所示。按住 Shift 键拖动，可以沿水平方向或垂直方向旋转对象。

图 22-20　　　　　　　图 22-21

若要围绕 z 轴旋转模型，可以使用"滚动 3D 对象工具"在两侧拖动，如图 22-22 和图 22-23 所示。

图 22-22　　　　　　　图 22-23

单击"拖动 3D 对象工具"按钮，在画面中按住鼠标左键拖动，即可移动对象，如图 22-24 和图 22-25 所示。

图 22-24　　　　　　　图 22-25

单击"滑动 3D 对象工具"按钮，在画面中按住鼠标左键拖动，可以将对象拉近或移到远处，如

图 22-26 和图 22-27 所示。

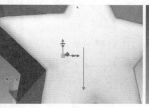 

图 22-26　　　　　　　图 22-27

单击"缩放 3D 对象工具" 按钮，在画面中按住鼠标左键拖动，可以放大或缩小 3D 对象。向上拖动可以等比例放大对象，如图 22-28 所示；向下拖动可以等比例缩小对象，如图 22-29 所示。

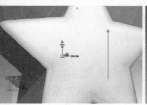 

图 22-28　　　　　　　图 22-29

22.1.4　编辑3D对象材质

（1）为 3D 对象设置材质的方法很简单，首先在"图层"面板中选中需要设置材质的 3D 对象所在图层，如图 22-30 所示。然后执行"窗口 >3D"命令，在 3D 面板中选择需要编辑的材质条目，如图 22-31 所示。

图 22-30　　　　　　　图 22-31

（2）如果材质为单一颜色，可以单击"漫射"右侧颜色块，设置所需颜色，如图 22-32 所示。想要使材质表面呈现出图像或者特定内容，则需要新建纹理。在"属性"面板中单击"漫射"右侧的 按钮，在弹出的快捷菜单中执行"新建纹理"命令，如图 22-33 所示。在弹出的"新建"窗口中设置合适的参数，然后单击"确定"按钮，如图 22-34 所示。

图 22-32

图 22-33　　　　　　　图 22-34

提示：为什么更改漫射颜色时无效

如果"漫射"右侧显示 按钮，则表示漫射有纹理贴图，此时直接设置漫射的颜色是无效的。需要右击，在弹出的快捷菜单中执行"移去纹理"命令，然后再修改颜色。

（3）单击"漫射"右侧的 按钮，在弹出的快捷菜单中执行"编辑纹理"命令，如图 22-35 所示。在弹出的窗口中可对所选 3D 对象的纹理进行编辑，如图 22-36 所示。

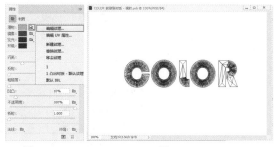

图 22-35　　　　　　　图 22-36

（4）可以向其中添加合适的图案，或者进行绘画等操作，如图 22-37 所示。填充完成后执行"文件 > 存储为"命令将其保存，回到原来的文档可以看到 3D 对象的材质发生了变化，如图 22-38 所示。

图 22-37　　　　　　　图 22-38

22.1.5　添加3D光源

（1）在创建了3D对象后，场景中会自动出现一个"无限光"，如图22-39所示。在3D面板中单击该光源的条目，如图22-40所示。单击底部的"删除"按钮，可以删除当前光源，此时3D对象变暗，如图22-41所示。

图 22-39　　　　　　图 22-40　　　　　　　图 22-41

（2）若要在场景中添加新的光源，可以在3D面板底部单击"新建光源"按钮，在弹出的快捷菜单中执行"新建点光""新建聚光灯"或"新建无限光"命令，即可在画面中创建出相应的灯光，如图22-42所示。点光像灯泡一样向各个方向照射；聚光灯照射出可调整的锥形光线；无限光像太阳光，从一个方向平面照射，如图22-43所示。

（a）点光　　　　　　（b）聚光灯　　　　　　（c）无线光

图 22-42　　　　　　　　　　　　　　图 22-43

（3）新建光源的位置无法满足所有场景，若要移动光源位置，可以在3D面板中选中相应的光源条目，如图22-44所示，然后使用3D工具或3D轴拖曳光标调整光源位置，其使用方法与调整3D对象相同。如图22-45所示为调整光源角度。

图 22-44　　　　　　　　　　　图 22-45

（4）在3D面板中单击该光源的条目，如图22-46所示。此时可以在"属性"面板中进行"颜色""强度""阴影"等参数设置，如图22-47所示。

图 22-46　　　　　图 22-47

22.2　3D 图形创意广告

文件路径	资源包 \ 第 22 章 \3D 图形创意广告
难易指数	★★★★★
技术掌握	椭圆工具、钢笔工具、从所选图层新建 3D 模型、调整 3D 材质、调整 3D 灯光

案例效果

案例效果如图 22-48 所示。

扫一扫，看视频

图 22-48

操作步骤

Part 1　制作画面背景

步骤 01 执行 "文件 > 新建" 命令，新建一个 "宽度" 约为 3000 像素，"高度" 约为 2000 像素，"分辨率" 为 300 像素的空白文档，如图 22-49 所示。接着单击工具箱底部的 "前景色" 按钮，在弹出的 "拾色器" 窗口中设置 "颜色" 为青色，设置完成后使用组合键 Alt+Delete 进行前景色填充，如图 22-50 所示。

图 22-49　　　　　图 22-50

步骤 02 在画面中添加云朵。单击工具箱中的 "椭圆工具" 按钮，在选项栏中设置 "绘制模式" 为 "形状"，"填充" 为白色，"描边" 为无，单击 "合并形状" 按钮，设置完成后在画面右上角位置绘制椭圆，如图 22-51 所示。然后在当前绘制状态下继续绘制其他椭圆，如图 22-52 所示。此时绘制的椭圆在一个图层上，形成云朵图形。

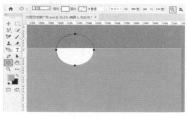

图 22-51

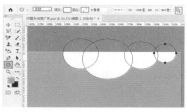

图 22-52

步骤 03 使用同样的方式绘制其他的云朵。效果如图 22-53 所示。按住 Ctrl 键加选各个云朵图层，使用组合键 Ctrl+G 将其编组并命名为 "云朵"。

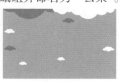

图 22-53

步骤 04 在画面的底部绘制形状。单击工具箱中的 "钢笔工具" 按钮，在选项栏中设置 "绘制模式" 为 "形状"，"填充" 为绿色，"描边" 为无，设置完成后在画面的左下角位置绘制形状，如图 22-54 所示。使用同样的方式绘制其他绿色的形状。效果如图 22-55 所示。按住 Ctrl 键依次加选各个图层，将其编组并命名为 "底部"。

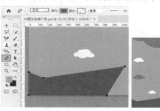 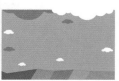

图 22-54　　　　　图 22-55

Part 2　制作主体文字效果

步骤 01 执行"文件 > 置入嵌入的对象"命令，将文字素材 1.png 置入画面中。调整大小放在画面中间位置并将该图层进行栅格化处理，如图 22-56 所示。

图 22-56

步骤 02 为文字素材添加 3D 效果。选择素材图层，执行"3D> 从所选图层新建 3D 模型"命令，在弹出的 3D 面板中选择素材 1，如图 22-57 所示。执行"窗口 > 属性"命令，在"属性"面板中单击"形状预设"中的倒三角形按钮，在弹出的快捷菜单中选择"凸出"样式，在弹出的"属性"面板中设置"纹理映射"为"缩放"，"凸出深度"为 980 像素，如图 22-58 所示。效果如图 22-59 所示。

图 22-57　　　　　　　图 22-58

图 22-59

步骤 03 调整光照方向，将底部的投影效果隐藏。在 3D 面板中选择"无限光"条目，如图 22-60 所示。此时在画面中会出现一个光源的控制柄，然后在控制栏中的"旋转 3D 对象"按钮选中的状态下，按住鼠标左键向下拖动将光照效果调整为从正面照射，此时素材的投影效果就被隐藏，如图 22-61 所示。

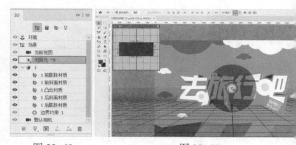

图 22-60　　　　　　　图 22-61

步骤 04 为立体图形的侧面添加颜色。在 3D 面板中选择"凸出材质"条目，如图 22-62 所示。然后在"属性"面板中单击"漫射"后边的按钮，在弹出的快捷菜单中执行"编辑纹理"命令，如图 22-63 所示。此时会打开一个"凸出材质 – 默认纹理"文档，如图 22-64 所示。

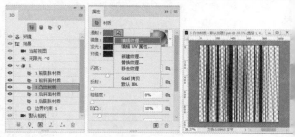

图 22-62　　　　　图 22-63　　　　　图 22-64

步骤 05 在"凸出材质 – 默认纹理"文档中设置"前景色"为洋红色，设置完成后使用组合键 Alt+Delete 进行前景色填充，如图 22-65 所示。操作完成后使用组合键 Ctrl+S 进行保存并将该文档关闭。此时就将立体图形侧面的颜色更改为洋红色。效果如图 22-66 所示。

图 22-65　　　　　　　图 22-66

步骤 06 执行"文件 > 置入嵌入的对象"命令，将素材 2.png 置入画面中。调整大小和图层顺序并将该图层进行栅格化处理，如图 22-67 所示。使用同样的方式为该素材制作 3D 效果。效果如图 22-68 所示。

图 22-67　　　　　　　　图 22-68

Part 3　制作其他立体图形

步骤 01 在画面的左下角添加树木。新建图层，执行"3D>从图层新建网格>网格预设>球体"命令，如图 22-69 所示。

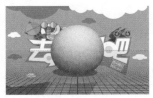

图 22-69

步骤 02 为球体添加颜色。在 3D 面板中选择"球体材质"条目，如图 22-70 所示。在"属性"面板中设置"漫射"颜色为荧光绿色，如图 22-71 所示。效果如图 22-72 所示。

图 22-70　　　　图 22-71　　　　图 22-72

步骤 03 调整光照效果。在 3D 面板中选择"无限光"条目，如图 22-73 所示。此时在画面中会出现一个光源的控制柄，然后在控制栏中的"旋转 3D 对象"按钮选中的状态下，按住鼠标左键向上拖动调整光照效果，如图 22-74 所示。

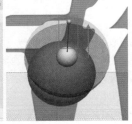

图 22-73　　　　　　图 22-74

步骤 04 调整球体的大小。在选项栏"旋转 3D 对象"被选中的状态下，在球体上单击会出现一个移动轴。当光标变为有三个箭头的状态下，按住鼠标左键向画面外拖动并将球体缩小，如图 22-75 所示。使用同样的方式制作圆柱体作为树干，调整位置与大小放在画面中的左下角，如图 22-76 所示。

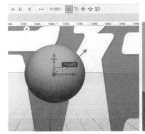

图 22-75　　　　　　　　图 22-76

步骤 05 按住 Ctrl 键单击加选球形和圆柱体两个图层，使用组合键 Ctrl+J 将图层进行复制，选中复制的两个图层，右击，在弹出的快捷菜单中执行"栅格化 3D"命令，将 3D 图层转换为普通图层，如图 22-77 所示。接着使其向右移动，并适当地放大。效果如图 22-78 所示。

图 22-77　　　　　　　　图 22-78

步骤 06 继续进行复制的操作，得到多棵立体树，调整位置与大小。继续复制球体，摆放在文字上。效果如图 22-79 所示。

图 22-79

步骤 07 继续制作画面右下角的立体元素。新建图层，执行"3D>从图层新建网格>网格预设>金字塔"命令，然后在"旋转 3D 对象"按钮选中的状态下，将光标放在图形上方，按住鼠标左键进行旋转，使其呈现出立体效果。效果如图 22-80 所示。

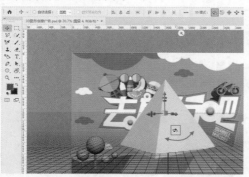

图 22-80

步骤 08 为立体图形的左侧添加颜色。在 3D 面板中选择"左侧材质"条目，如图 22-81 所示。在"属性"面板中设置"漫射颜色"为绿色，如图 22-82 所示。效果如图 22-83 所示。

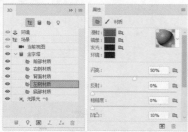

图 22-81   图 22-82   图 22-83

步骤 09 使用同样的方式为立体图形的前部添加颜色。操作完成后调整金字塔的大小，将其放在画面的右下角位置。效果如图 22-84 所示。然后将该立体图层复制一份放在该图形右边位置，如图 22-85 所示。

图 22-84   图 22-85

步骤 10 执行"文件 > 置入嵌入的对象"命令，将素材 3.png 置入画面中。调整大小放在金字塔上方位置，并将该图层进行栅格化处理。效果如图 22-86 所示。接着将该素材复制一份，调整大小放在另一个金字塔上方。本案例制作完成，效果如图 22-87 所示。

图 22-86   图 22-87

22.3 海底 3D 立体文字

文件路径	资源包 \ 第 22 章 \ 海底 3D 立体文字
难易指数	★★★★★
技术掌握	画笔工具、横排文字工具、从所选图层新建 3D 模型、图层样式、混合模式

案例效果

案例效果如图 22-88 所示。

扫一扫，看视频

图 22-88

操作步骤

Part 1   制作背景

步骤 01 执行"文件 > 新建"命令，新建一个"宽度"约为 1200 像素，"高度"约为 1700 像素，"分辨率"为 300 像素的空白文档，如图 22-89 所示。执行"文件 > 置入嵌入的对象"命令，将素材 1.png 置入画面中。调整大小使其充满整个画面，并将该图层进行栅格化处理。如图 22-90 所示。

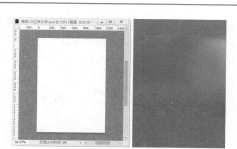

图 22-89　　　　　图 22-90

步骤 02 此时置入的素材上方有多余的部分，需要对其进行隐藏。选择该图层，单击"图层"面板底部的"添加图层蒙版"按钮，为该图层添加图层蒙版。然后单击工具箱中的"画笔工具"按钮，在选项栏中设置大小合适的柔边圆画笔，设置"前景色"为黑色，设置完成后在画面顶部进行涂抹，将不需要的部分隐藏，如图 22-91 所示。效果如图 22-92 所示。

图 22-91　　　　　　　　图 22-92

步骤 03 将水波素材 2.png 置入画面中，调整大小放在画面上方位置，并将该图层进行栅格化处理，设置混合模式为"线性加深"，如图 22-93 所示。然后使用同样的方式将 3.png 置入画面中，设置其混合模式为"强光"。效果如图 22-94 所示。

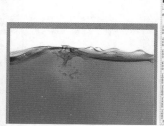

图 22-93　　　　　　　　图 22-94

步骤 04 为海底添加光照效果。置入素材 5.jpg，调整大小放在画面中，并将该图层进行栅格化处理，如

图 22-95 所示。接着选择该素材图层，设置"混合模式"为"滤色"，如图 22-96 所示。使素材与画面整体更好地融为一体。效果如图 22-97 所示。

图 22-95

图 22-96　　　　　图 22-97

步骤 05 此时置入的素材将波浪效果遮挡，需要将光照显示出来。选择光照效果素材图层，为该图层添加图层蒙版。然后使用大小合适的柔边圆画笔，设置"前景色"为黑色，设置完成后在画面上方位置进行涂抹，如图 22-98 所示。效果如图 22-99 所示。

图 22-98　　　　　图 22-99

Part 2　制作主体文字

步骤 01 单击工具箱中的"横排文字工具"按钮，在选项栏中设置合适的"字体""字号"和"颜色"，设置完成后在画面中单击输入文字。文字输入完成后按 Ctrl+Enter 组合键完成操作，如图 22-100 所示。接着使

用自由变换组合键 Ctrl+T 调出定界框，右击，在弹出的快捷菜单中执行"扭曲"命令，调整控制点的位置，改变文字的形态。效果如图 22-101 所示。操作完成后按 Enter 键。

图 22-100　　　　　　图 22-101

步骤 02 将文字颜色更改为渐变色。选择文字图层，右击，在弹出的快捷菜单中执行"栅格化文字"命令，将文字图层转换为普通图层，如图 22-102 所示。然后按住 Ctrl 键的同时单击该图层缩略图载入文字选区。在当前选区状态下单击工具箱中的"渐变工具"按钮，在选项栏中设置"渐变"为金色系渐变，如图 22-103 所示。单击"线性渐变"按钮，设置完成后为文字填充渐变。填充完成后按 Ctrl+D 组合键取消选区。效果如图 22-104 所示。

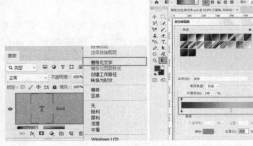

图 22-102　　　　　　图 22-103

步骤 03 制作立体文字效果。选择文字图层，将其复制一份，然后将复制的文字图层放在原有文字图层下方。效果如图 22-105 所示。

图 22-104　　　　　　图 22-105

步骤 04 选择复制的文字图层，执行"3D> 从所选图层新建 3D 模型"命令，在弹出的 3D 面板中选择素材"Gaid 拷贝"，如图 22-106 所示。执行"窗口 > 属性"命令，

在"属性"面板中单击"形状预设"中的倒三角形按钮，在弹出的快捷菜单中选择"凸出"样式，"纹理映射"为"缩放"，"凸出深度"为 600 像素，如图 22-107 所示。效果如图 22-108 所示。

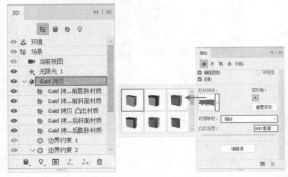

图 22-106　　　　　　图 22-107

图 22-108

步骤 05 为立体文字的侧面添加颜色。在 3D 面板中选择"Gaid 拷贝凸出材质"条目，如图 22-109 所示。然后在"属性"面板中单击"漫射"后边的按钮，在弹出的快捷菜单中执行"编辑纹理"命令，如图 22-110 所示。

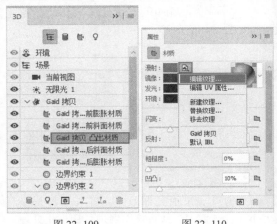

图 22-109　　　　　　图 22-110

步骤 06 在打开的"凸出材质－默认纹理"文档中设置"前景色"为黑色,"背景色"为橘色,单击工具箱中的"渐变工具"按钮,在选项栏中设置"渐变"为"前景色到背景色渐变",如图 22-111 所示。单击"线性渐变"按钮,设置完成后在画面中填充渐变,如图 22-112 所示。操作完成后按 Ctrl+S 组合键将其保存并将该文档关闭。此时立体文字制作完成。效果如图 22-113 所示。

图 22-111

图 22-112

图 22-113

步骤 07 为立体文字的正面添加图层样式,让文字效果更加丰富。选择原始文字图层,执行"图层 > 图层样式 > 外放光"命令,在弹出的"图层样式"窗口中设置"混合模式"为"正常","不透明度"为100%,"颜色"为橘色,"扩展"为73%,"大小"为10像素,"范围"为38%,如图 22-114 所示。效果如图 22-115 所示。

图 22-114

图 22-115

步骤 08 启用"图层样式"左侧的"描边"图层样式,设置"大小"为 5 像素,"位置"为"外部","混合模式"为"正常","不透明度"为100%,"颜色"为棕色,设置完成后单击"确定"按钮完成操作,如图 22-116 所示。效果如图 22-117 所示,

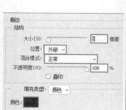
图 22-116

图 22-117

步骤 09 为文字添加光泽效果。单击工具箱中的"钢笔工具"按钮,在选项栏中设置"绘制模式"为"路径",设置完成后在文字上方绘制路径,如图 22-118 所示。使用组合键 Ctrl+Enter 将路径转为选区,如图 22-119 所示。

图 22-118

图 22-119

步骤 10 设置"前景色"为白色,单击工具箱中的"渐变工具"按钮,在选项栏中设置"渐变"为"前景色到透明渐变",如图 22-120 所示。单击"线性渐变"按钮,设置完成后在选区内填充渐变。操作完成后按 Ctrl+D 组合键取消选区。效果如图 22-121 所示。

图 22-120

图 22-121

步骤 11 此时绘制的光泽效果有不需要的部分,选择该图层,右击,在弹出的快捷菜单中执行"创建剪贴蒙版"命令,创建剪贴蒙版,将不需要的部分隐藏。效果

如图 22-122 所示。接着使用同样的方式制作另外一组立体文字，效果如图 22-123 所示。

图 22-122　　　　图 22-123

步骤 12 使用"横排文字工具"，在立体文字周边添加其他文字内容，如图 22-124 所示。并设置合适的"字体""字号"和"颜色"，如图 22-125 所示。

图 22-124　　　　　　图 22-125

步骤 13 执行"文件 > 置入嵌入的对象"命令，将素材 6.png 置入画面中。调整大小放在主体文字上方位置并将该图层进行栅格化处理，如图 22-126 所示。接着设置"混合模式"为"滤色"，如图 22-127 所示。效果如图 22-128 所示。

图 22-126　　　　　　图 22-127

图 22-128

步骤 14 置入素材 7.png，并将其摆放在画面左下角。本案例制作完成，效果如图 22-129 所示。

图 22-129

22.4　3D 罐装饮品包装展示

文件路径	资源包 \ 第 22 章 \3D 罐装饮品包装展示
难易指数	★★★★★
技术掌握	从所选图层新建 3D 模型、3D 材质编辑、3D 灯光编辑、曲线、色相 / 饱和度

案例效果

案例效果如图 22-130 所示。

扫一扫，看视频

图 22-130

操作步骤

Part 1　制作包装立体效果

步骤 01 创建一个"宽度"约为 1500 像素、"高度"约为 1000 像素、"分辨率"为 300 像素的空白文档，如图 22-131 和图 22-132 所示。

图 22-131　　　　　　　　　　图 22-132

步骤 02 在空白文档中执行"3D> 从图层新建网格 > 网格预设 > 汽水"命令，如图 22-133 所示。在弹出的提示窗口中单击"是"按钮，如图 22-134 所示。

图 22-133　　　　　图 22-134

步骤 03 此时软件界面变为 3D 工作模式，同时画面中出现一个白色的饮料罐模型，如图 22-135 所示。

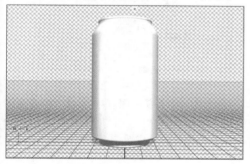

图 22-135

步骤 04 "图层"面板中原始的背景图层现在已经变成了 3D 图层，展开该图层，从中双击"标签材质 – 默认纹理"条目，如图 22-136 所示。打开一个带有网格的空白文件，如图 22-137 所示。

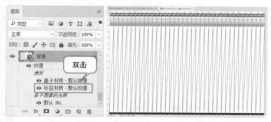

图 22-136　　　　　图 22-137

步骤 05 将平面图素材 1.jpg 置入该文档中，然后按 Enter 键确定置入操作。接着使用组合键 Ctrl+S 进行保存，然后将这个文档关闭，如图 22-138 所示。

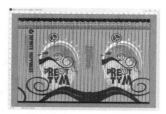

图 22-138

步骤 06 回到原始 3D 文档中，可以看到饮料罐上已经出现了之前制作好的平面图，但是此时面向画面的并不是主体图形，需要对其进行旋转。执行"窗口 >3D"命令，打开 3D 面板，在 3D 面板中选中"汽水"条目，然后在使用"移动工具"的状态下，单击选项栏右侧的"旋转 3D 对象工具" 按钮；在画面中按住鼠标左键水平拖动，如图 22-139 所示；将饮料罐沿水平方向旋转，如图 22-140 所示（注意：对 3D 对象进行操作时，一定要在"图层"面板中选中该 3D 图层）。

图 22-139　　　　　图 22-140

步骤 07 单击"移动工具"选项栏右侧的"滑动 3D 对象工具" 按钮，在画面中按住鼠标左键水平拖动，并将饮料罐在画面中的显示比例缩小一些，如图 22-141 所示。

图 22-141

步骤 08 对 3D 模型的灯光进行设置。在 3D 面板中选择"无限光 1"条目，如图 22-142 所示。执行"窗口 > 属性"命令，打开"属性"面板。在"属性"面板中设置"强度"为 60%，取消勾选"阴影"复选框，如图 22-143 所示。然后在视图中按住无限光的控制柄，向右移动，调整光照方向，如图 22-144 所示。

图 22-142   图 22-143   图 22-144

步骤 09 在 3D 面板中单击底部的"新建光源"按钮，在弹出的快捷菜单中执行"新建无限光"命令，如图 22-145 所示。在 3D 面板中出现了新建的"无限光 2"条目，单击该条目，如图 22-146 所示。同样在"属性"面板中设置"强度"为 50%，并取消勾选"阴影"复选框，如图 22-147 所示。

步骤 10 在视图中按住无限光的控制柄，向左移动，调整光照方向，如图 22-148 所示。

图 22-145   图 22-146   图 22-147   图 22-148

步骤 11 到这里饮料罐的 3D 模型部分就制作完成了。接下来，按住 Ctrl 键单击该图层缩略图，载入选区，如图 22-149 所示。在 3D 面板底部单击"渲染"按钮，如图 22-150 所示。软件会花费一定的时间对饮料罐进行渲染，稍作等待，即可看到饮料罐的渲染效果，如图 22-151 所示。在确认 3D 模型编辑完成后，可以在该图层上右击，在弹出的快捷菜单中执行"栅格化 3D"命令，使之变为普通图层。

图 22-149   图 22-150   图 22-151

Part 2   制作包装展示效果

步骤 01 制作多种颜色的饮料罐展示效果。执行"窗口 > 工作区 > 基本功能（默认）"命令，恢复到常用的工作区状态，如图 22-152 所示。单击工具箱中的"渐变工具"按钮，在选项栏中编辑一种墨绿色系的渐变，设置"渐变类型"为"径向渐变"。在饮料罐下方新建图层，按住鼠标左键拖动进行填充。效果如图 22-153 所示。

图 22-152

图 22-153

步骤 02 为立体的饮料罐制作投影。新建图层，单击工具箱中的"椭圆选框工具"按钮，在选项栏中设置"羽化"为 30 像素，在画面饮料罐底部按住鼠标左键拖曳绘制椭圆选区；设置"前景色"为黑色，按 Alt+Delete 组合键填充选区，如图 22-154 所示。在"图层"面板中将阴影图层移到饮料罐图层下面，效果如图 22-155 所示。

图 22-154　　　　　　　图 22-155

步骤 03 为饮料罐调色。选中饮料罐图层，执行"图层 > 图层样式 > 曲线"命令，在弹出的"属性"面板中调整曲线形态，单击"此调整剪切到此图层"按钮，如图 22-156 所示。效果如图 22-157 所示。

图 22-156　　　　　　　图 22-157

步骤 04 选择饮料罐、投影和曲线调整图层，右击，在弹出的快捷菜单中执行"复制图层"命令。在"图层"面板中选择底层的饮料罐和投影，按自由变换组合键 Ctrl+T 调出定界框，在画面中将光标定位在四角的控制点处，按住 Shift 键的同时按住鼠标左键拖动，进行等比例缩放并向右移动，如图 22-158 所示。

图 22-158

步骤 05 对该饮料罐进行调色。执行"图层 > 新建调整图层 > 色相 / 饱和度"命令，在弹出的"属性"面板中设置"色相"为 −27，"饱和度"为 +38，单击"此调整剪切到此图层"按钮，如图 22-159 所示。效果如图 22-160 所示。

图 22-159　　　　　　　图 22-160

步骤 06 需要将主体图的部分还原回之前的颜色。在"图层"面板中单击"色相 / 饱和度"按钮调整图层的图层蒙版缩略图，如图 22-161 所示。单击工具箱中的"画笔工具"按钮，在选项栏中设置"大小"为 30 像素，"硬度"为 0%，然后设置"前景色"为黑色，在蒙版中主体图位置进行涂抹，如图 22-162 所示。

图 22-161　　　　　　　图 22-162

步骤 07 使用同样的方式制作出其他颜色的饮料罐，如图 22-163 所示。

图 22-163

Chapter
23
第23章

动态图设计

本章内容简介

作为一款著名的图像处理、设计制图软件，Photoshop 的功能并不仅限于处理 "静态" 的内容。相对于比较专业的视频处理软件 Adobe After Effects、Adobe Premiere，Photoshop 虽然还有一定的差距，但是在简单的动态效果制作以及视频编辑方面，也称得上是一种方便、快捷的工具。本章主要围绕 "时间轴" 面板进行动画的制作与编辑，学习 Photoshop 的动态视频编辑功能。

优秀作品欣赏

23.1 动态图设计基础操作

与静态的图像文件不同，动态的视频文件不仅具有画面的属性，更具有音频属性和时间属性。"图层"面板显然无法完成这些任务。在 Photoshop 中想要制作或者编辑动态文件可以使用"时间轴"面板。"时间轴"面板主要用于组织和控制影片中图层与帧的内容。执行"窗口 > 时间轴"命令，打开"时间轴"面板。单击创建模式下拉列表框右侧的 ▼ 按钮，在弹出的下拉列表中有两个选项，即"创建视频时间轴"和"创建帧动画"，如图 23-1 所示。选择不同的选项可以打开不同模式的"时间轴"面板，而不同模式的"时间轴"面板创建与编辑动态效果的方式也不相同。在此选择"创建视频时间轴"选项，打开"视频时间轴"模式的"时间轴"面板。

图 23-1

23.1.1 制作视频动画

在 Photoshop 中可以针对图层创建不透明度动画、位置动画、图层样式动画等。制作方法基本相同，都是在不同的时间点上创建出"关键帧"，然后对图层的不透明度、位置、样式等属性进行更改，两个时间点之间就会形成两种效果之间的过渡动画。

（1）首先打开一个包含两个图层的文档，这两个图层可以是视频图层，也可以是普通图层。执行"窗口 > 时间轴"命令，打开"时间轴"面板。单击创建模式下拉列表框右侧的 ▼ 按钮，在弹出的下拉列表中选择"创建视频时间轴"选项，如图 23-2 所示。此时在"时间轴"面板中就会出现当前文档中的图层（"背景"图层不会出现在"时间轴"面板中），每个图层前方都带有一个 ▶ 按钮，单击该按钮可以进行动画效果的设置，如图 23-3 所示。

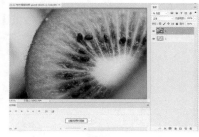

图 23-2

图 23-3

（2）展开该视频轴后，可以看到列表中显示了"位置""不透明度"以及"样式"。在这里可以针对图层的"位置""不透明度"以及"样式"属性制作动画。以"不透明度"为例，首先将当前时间指示器移到动画效果开始的时间点上，单击"不透明度"前方的 ⏱ 按钮，即可在当前时间点上为"不透明度"添加一个关键帧，如图 23-4 所示。此时可以对该图层的"不透明度"进行调整，如图 23-5 所示。

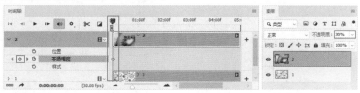

图 23-4

图 23-5

（3）将当前时间指示器移到动画效果结束的时间点上，单击"不透明度"前方的 ◆ 按钮，即可在当前时间点上添加一个关键帧，如图 23-6 所示。然后更改该图层的"不透明度"，如图 23-7 所示。

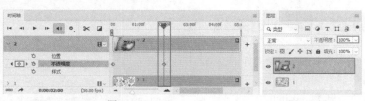

图 23-6   图 23-7

（4）此时在这两个时间点之间，已经出现了该图层的不透明度动画效果。单击时间轴顶部的"播放"按钮，即可预览效果。可以看到该图层呈现出从半透明到完全显现的效果，如图 23-8 所示。

图 23-8

（5）可以向文档中添加音频文件。单击"时间轴"面板底部的 ♫▾ 按钮，在弹出的下拉菜单中执行"添加音频"命令，如图 23-9 所示。在弹出的窗口中选择音频文件，如图 23-10 所示，单击"打开"按钮。此时在"时间轴"面板中出现一个音频轨道，如图 23-11 所示。如果要制作多个音频混合的效果，可以单击"时间轴"面板底部的 ♫▾ 按钮，在弹出的下拉菜单中执行"新建音轨"命令，添加新的音频轨道，并向其中添加音频文件。

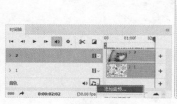

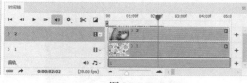

图 23-9   图 23-10   图 23-11

（6）文件制作完成后，执行"文件 > 导出 > 渲染视频"命令，打开"渲染视频"窗口。在"位置"选项组中单击"选择文件夹"按钮，选择文件存储位置。在中间的下拉列表中选择 Adobe Media Encoder，可以将文件输出为动态影片，选择"Photoshop 图像序列"选项则可以将文件输出为图像序列。选择任何一种类型的输出模式，都可以进行相应的"格式""大小""帧速率"等设置，如图 23-12 和图 23-13 所示。单击"渲染"按钮，即可得到视频文件。

图 23-13

（7）如果要去除时间轴上的某个关键点，可以单击关键点，然后按 Delete 键将其删除。如果要删除整个文件的动画效果，可以在"时间轴"面板菜单中执行"删除时间轴"命令，如图 23-14 所示。随即时间轴就会被删除，文档也不再具有动画效果。

图 23-12

图 23-14

23.1.2　创建帧动画

（1）准备好制作帧动画的文件，如图 23-15 所示。在该文档中，除了"背景"图层外还有 6 个图层，每个图层中有一个图形。接下来通过"帧动画"让图形依次显示出来。首先隐藏除了"背景"图层外的所有图层，如图 23-16 所示。

图 23-15　　　　　　　　图 23-16

（2）执行"窗口 > 时间轴"命令，打开"时间轴"面板，在中间的创建模式下拉列表中选择"创建帧动画"选项，如图 23-17 所示。设置"延迟时间"为 0.5 秒，如图 23-18 所示。

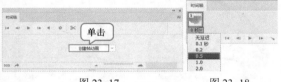

图 23-17　　　　　　　　图 23-18

（3）单击 6 次"复制所选帧" 按钮，新建 6 帧，如图 23-19 所示。单击选择第二帧，然后在"图层"面板中将"图层 1"显示，如图 23-20 所示。

图 23-19

图 23-20

（4）设置第三帧。单击第三帧，如图 23-21 所示。可以发现画面中只有背景，刚才分明显示了"图层 1"，

为什么没有了呢？这是因为通过单击"复制所选帧" 按钮新建的帧，所以每一帧都带有第一帧的属性。显示"图层 1"与"图层 2"，如图 23-22 所示。

图 23-21

图 23-22

（5）同理，依次将其余各个帧的显示内容分别调整为不同的图案，然后设置循环选项为"永远"，如图 23-23 所示。

图 23-23

（6）单击"播放" ▶ 按钮，即可查看播放效果，如图 23-24 所示。

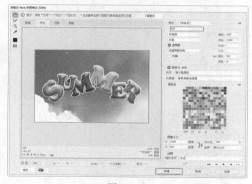

图 23-24

（7）编辑完视频图层后，可以将动画存储为 GIF 文件，以便在 Web 上观看。执行"文件 > 导出 > 存储为 Web 所用格式（旧版）"命令，将制作的动态图像进行输出。在弹出的"存储为 Web 所用格式"窗口中设置"格式"为 GIF，"颜色"为 256。在左下角单击"预览"按钮，可以在 Web 浏览器中预览该动画（在这里的图像查看区域也可以更准确地查看为 Web 创建的预览效果）。单击底部的"存储"按钮，并选择输出路径，即可将文档存储为 GIF 格式动态图像，如图 23-25 所示。

图 23-25

23.2 使用帧动画制作"眨眼"动图

文件路径	资源包\第 23 章\使用帧动画制作"眨眼"动图
难易指数	⭐⭐⭐⭐⭐
技术掌握	帧动画的制作方法

案例效果

案例效果如图 23-26 所示。

图 23-26

操作步骤

步骤 01 执行"文件 > 打开"命令，打开透明背景的卡通素材 1.png，如图 23-27 所示。为了制作出眨眼的动画效果，就要得到眨眼的两种状态，分别是睁眼和闭眼。当睁眼和闭眼两种状态切换显示时，就会产生"眨眼"的动态效果。由于目前的卡通形象并没有眼睛，所以需要绘制眼睛。首先制作睁开的眼睛。单击工具箱中的"椭圆工具"按钮，在选项栏中设置"绘制模式"为"形状"，设置"填充颜色"为白色，"描边颜色"为黑色，设置合适的描边粗细，然后在眼睛处绘制一个正圆，如图 23-28 所示。

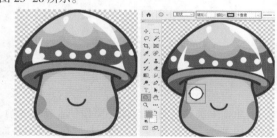

图 23-27   图 23-28

步骤 02 使用"椭圆工具"绘制一个黑色填充，并且不带有描边的正圆，作为黑眼球，放在白色圆形内部，如图 23-29 所示。接着复制左侧眼睛的两个图层，移到右侧，此时两只睁开的眼睛制作完成，如图 23-30 所示。

图 23-29   图 23-30

步骤 03 制作闭上的眼睛，将之前制作好的眼睛隐藏。闭上的眼睛可以使用黑色椭圆形表现。仍然使用之前的填充色设置，在眼睛处绘制一个椭圆，如图 23-31 所示。

接着对这个图形使用自由变换组合键 Ctrl+T 进行适当的旋转，如图 23-32 所示。

图 23-31　　　　　图 23-32

步骤 04 复制左侧的眼睛，移动右侧并进行水平翻转，罢放在合适位置上，此时闭眼的效果就制作出来了，如图 23-33 所示。接下来分别将睁眼的图层选中，使用组合键 Ctrl+E 合并为图层 2。将闭眼的图层单独合并为图层 3，此时"图层"面板如图 23-34 所示。

图 23-33　　　　　图 23-34

步骤 05 执行"窗口 > 时间轴"命令，打开"时间轴"面板。在"时间轴"面板中，打开中间的创建模式下拉列表，从中选择"创建帧动画"选项，如图 23-35 所示。此时"时间轴"面板转换为"帧动画"模式，如图 23-36 所示。

图 23-35

图 23-36

步骤 06 在帧动画模式的"时间轴"面板中设置第一帧的帧延迟时间为 0.1 秒，如图 23-37 所示。设置循环次

数为"永远"，如图 23-38 所示。

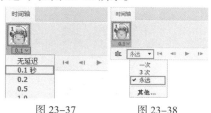

图 23-37　　　　　图 23-38

步骤 07 单击 1 次"复制所选帧"按钮，得到另外一帧，如图 23-39 所示。

图 23-39

步骤 08 单击"时间轴"面板中的第一帧，显示"图层"面板中的图层 1 和图层 2，此时卡通角色的眼睛睁开，如图 23-40 所示。

图 23-40

步骤 09 单击"时间轴"面板中的第二帧，显示"图层"面板中的图层 1 和图层 3，此时眼睛闭上，如图 23-41 所示。

图 23-41

步骤 10 单击"播放"按钮，可以看到卡通角色在不停地眨眼，如图 23-42 所示。

图 23-42

步骤 11 执行"文件 > 导出 > 存储为 Web 所用格式（旧版）"命令，在弹出的窗口中设置"格式"为 GIF，单击"存储"按钮，完成文件的存储，如图 23-43 所示。即可得到透明背景的 GIF 动图，可尝试用于作为 QQ 表情，如图 23-44 所示。

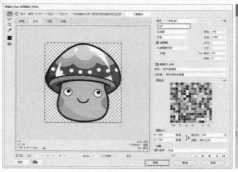

图 23-43

图 23-44

23.3 颜色变化动态效果

文件路径	资源包\第 23 章\颜色变化动态效果
难易指数	★★★★★
技术掌握	色相/饱和度、时间轴

扫一扫，看视频

案例效果

案例效果如图 23-45 ～图 23-48 所示。

图 23-45　　　　　　　图 23-46

图 23-47　　　　　　　图 23-48

操作步骤

步骤 01 执行"文件 > 打开"命令，将素材 1.jpg 打开，如图 23-49 所示。按住 Alt 键的同时双击背景图层将其转换为普通图层，如图 23-50 所示。

图 23-49　　　　　图 23-50

步骤 02 执行"图层 > 新建调整图层 > 色相/饱和度"命令，在弹出的"新建图层"窗口中单击"确定"按钮，创建一个"色相/饱和度"调整图层。在"属性"面板中选择"蓝 通道"，设置"色相"为 -180，如图 23-51 所示。效果如图 23-52 所示。

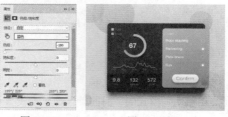

图 23-51　　　　　图 23-52

步骤 03 制作颜色变化的动画效果。执行"窗口＞时间轴"命令，在弹出的"时间轴"面板中单击右侧的倒三角形按钮，在下拉菜单中选择"创建视频时间轴"选项，单击"创建视频时间轴"按钮，如图 23-53 所示。此时"时间轴"面板效果如图 23-54 所示。

图 23-53

图 23-54

步骤 04 在"时间轴"面板中，将光标移至工作区域指示器上，按住鼠标左键向右拖动至 01:00f 的位置，如图 23-55 所示。

图 23-55

步骤 05 选择"色相/饱和度"图层的持续时间条，单击该图层前面的倒三角形按钮展开属性列表。接着将当前时间指示器拖到最左边位置，单击"不透明度"前方的"启用关键帧动画"按钮设置开始关键帧，如图 23-56 所示。

图 23-56

步骤 06 继续将时间指示器拖至最右边位置，如图 23-57 所示。然后在"图层"面板中设置"色相/饱和度"图层的"不透明度"为 0%，如图 23-58 所示。

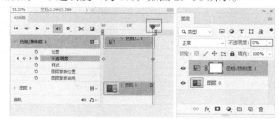

图 23-57　　　　　　　图 23-58

步骤 07 此时该动态效果制作完成，单击"时间轴"面板中的"播放" ▶ 按钮即可播放该动态效果。此时调色图层的"不透明度"从 100% 逐渐过渡到 0%，而调色效果也产生了逐渐隐藏的效果，所以画面产生了颜色变化的动态效果。效果如图 23-59 ～图 23-62 所示。

图 23-59　　　　　　　图 23-60

图 23-61　　　　　　　图 23-62

23.4 电子相册动态展示效果

文件路径	资源包 \ 第 23 章 \ 电子相册动态展示效果
难易指数	★★★★★
技术掌握	"时间轴"面板

案例效果

案例效果如图 23-63 ～图 23-66 所示。

扫一扫，看视频

447

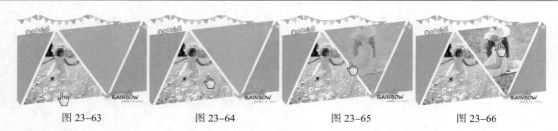

图 23-63   图 23-64   图 23-65   图 23-66

操作步骤

步骤 01 执行"文件 > 打开"命令，将素材 1.psd 打开，如图 23-67 所示。此文档包含 4 个图层，本案例主要针对于"图层 1"和"图层 2"进行动画效果的制作，如图 23-68 所示。接着执行"窗口 > 时间轴"命令，将"时间轴"面板打开，如图 23-69 所示。

图 23-67   图 23-68   图 23-69

提示：本案例动画效果解析

　　本案例需要制作出光标指针（图层 2）移到右侧三角形（图层 1）位置时，右侧三角形出现人物照片的动态效果。那么此处就涉及两部分动画效果的制作，第一是光标指针移动的动画；第二是三角形显示出照片的动画。

　　光标指针移动的动画比较简单，通过在不同的时间点上设定不同的位置关键帧即可。而纯色的图形变为照片则需要制作"样式动画"得到。为三角形的照片图层首先赋予了一个"颜色叠加"图层样式，使照片呈现出纯色的效果。而当图层样式隐藏时，照片则会显示出来。所以，本案例通过为图层样式添加关键帧来制作出照片由隐藏到显示的效果。

步骤 02 在"时间轴"面板中单击右侧的倒三角形按钮，在下拉菜单中选择"创建视频时间轴"选项，接着单击"创建视频时间轴"按钮，如图 23-70 所示。此时"时间轴"面板中出现了三个视频轨道，背景图层不参与制作动态效果，所以不会出现背景图层的视频轨道，如图 23-71 所示。

图 23-70

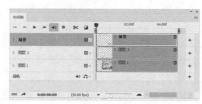

图 23-71

步骤 03 调整整个动画持续的时间。在"时间轴"面板中将光标移至工作区域指示器上，按住鼠标左键向右推至 01:00f 的位置，如图 23-72 所示。

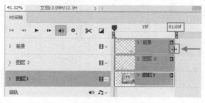

图 23-72

步骤 04 制作"图层 2"的动态效果。"图层 2"为光标指针，在这里需要制作出光标指针移动的动态效果，也就是位置动画。在"时间轴"面板中选择"图层 2"，单击该图层前面的倒三角形按钮展开属性列表。接着将当前时间指示器拖到最左边位置，单击"位置"前方的"启用关键帧动画"按钮设置开始关键帧，如图 23-73 所示。此时"图层 2"所处的位置被记录为一个关键帧，如图 23-74 所示。

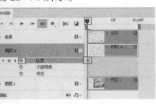 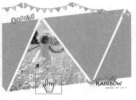

图 23-73　　　　　　　　图 23-74

步骤 05 将时间指示器移至持续时间条的最右侧。在"图层"面板中选择"图层 2"，使用工具箱中的"移动工具"，将图形移至黄绿色图形上方。在当前的时间点上，位置属性被添加了一个关键帧，如图 23-75 所示。此时"图层 2"位置如图 23-76 所示。

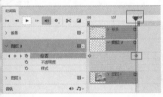 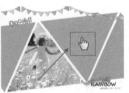

图 23-75　　　　　　　　图 23-76

步骤 06 制作光标移到图形上方时显示人像的动画效果。在"时间轴"面板中选择"图层 1"，将时间指示器移动至 18f 位置，此时光标指针图层刚好移到三角形图层上，在此时间点上"样式"属性处单击添加关键帧，如图 23-77 所示。

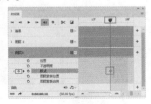

图 23-77

步骤 07 继续移动时间指示器至 21f 位置，如图 23-78 所示。然后在"图层"面板中将"图层 1"的"颜色叠加"图层样式隐藏，在此时间点上样式属性被自动添加了关键帧，如图 23-79 所示。此时三角形的图层样式被隐藏，人物照片显现出来。

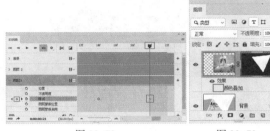

图 23-78　　　　　　　　图 23-79

步骤 08 此时本案例的动态效果制作完成。单击"时间轴"面板中的"播放" ▶ 按钮，即可对该效果进行播放。可以看到随着光标指针移到右侧三角形位置，纯色的三角形变为人物照片。效果如图 23-80 ~图 23-83 所示。

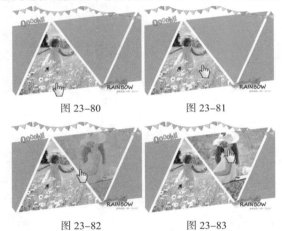

图 23-80　　　　　　　　图 23-81

图 23-82　　　　　　　　图 23-83

Chapter
24
第24章

创意设计

本章内容简介

　　"创意"可以理解为具备新奇的、创造性的主张和构想。而视觉设计类作品更是离不开创意。创意设计虽然并不是典型的商业设计项目类型，但是也常与各设计行业密切相关，无论广告设计、网页设计、插画设计还是 UI 设计、书籍设计、包装设计乃至摄影都离不开"创意"这个重要的元素，如创意广告、创意摄影等。除此之外以数字技术为主导的创意视觉表现也是很多新生代艺术家青睐的艺术形式。

优秀作品欣赏

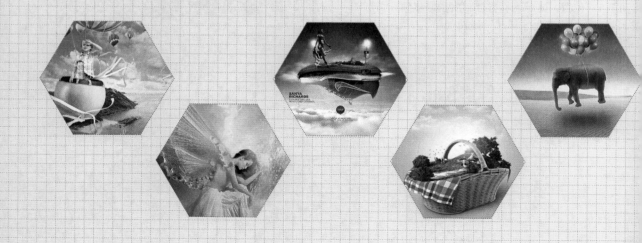

24.1　认识创意设计

　　"创意"这个词语我们并不陌生，无论视觉效果、文案表述还是活动方案，想要与众不同，抓住人们的眼球，自然少不了好的创意。简单来说，"创意"可以理解为具备新奇的、创造性的主张和构想。而视觉设计类作品更是离不开创意。创意的表现手法有很多，例如，展示法、联想法、比喻法、象征法、拟人法、幽默法、对比法、倒置法、夸张法、情感运用法等。

　　创意设计虽然并不是典型的商业设计项目类型，但是也常与各设计行业密切相关，无论广告设计、网页设计、插画设计还是 UI 设计、书籍设计、包装设计，乃至摄影都离不开"创意"这个重要的元素，如创意广告、创意摄影等。除此之外，以数字技术为主导的创意视觉表现也是很多新生代艺术家青睐的艺术形式，如图 24-1 ～图 24-4 所示。

　　图 24-1　　　　　图 24-2　　　　　图 24-3　　　　　图 24-4

　　创意的表现手法很多，以创意摄影为例，可以通过在现实中布景并拍摄来得到具有创意的画面，如图 24-5 所示。而有些场景则无法通过前期布景得到，那么这时就需要 Photoshop 大显身手了。Photoshop 具有强大的抠图、合成、调色、修饰的功能，当想要得到现实中不存于同一场景中的物像时，可以分别拍摄每个元素，或者在网络上找到相应的元素，通过 Photoshop 将这些元素从原图中分离出来，合成到新的画面中，并通过调色、修饰、绘制等功能使新画面看起来更加协调，如图 24-6 所示。

　　　　　图 24-5　　　　　　　　　　　图 24-6

　　创意设计作品可以应用在诸多领域，按照画面内容可分为以下几种，分别包括以人物为主体的创意设计作品、以动物为主体的创意设计作品、表现物体的创意设计作品、场景重构类创意设计作品和文字类创意设计作品等类型。

24.1.1　以人物为主体的创意设计作品

　　无论艺术创作还是商业设计作品，人物一直是视觉作品中常见的元素。以人物为核心的画面可以表达的主题非常多，既可以是用于目的性的设计作品（例如，商业广告、公益广告等），也可以作为抒发个人情感的艺术创作作品。针对于商业广告、公益广告类作品，人物既可以作为商品的展示者，又可以作为消费者自我的心理投射，如图 24-7 ～图 24-10 所示。

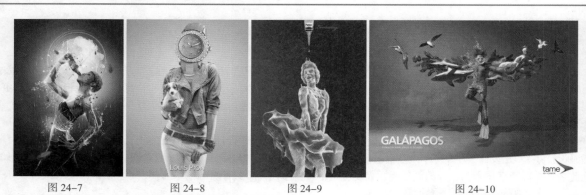

图 24-7　　　　　　　图 24-8　　　　　　　图 24-9　　　　　　　　图 24-10

　　艺术创作相对于商业广告、公益广告等作品，其传播的"目的性"稍弱一些。更多时候，艺术创作是艺术家将自身的认知、思想、情感等抽象的信息以具象化的形态表现出来的方式。而在 Photoshop 的世界中艺术家的创作空间非常广阔，无须拘泥于摄影、绘画等已有的艺术形式，拍摄的照片、绘制的元素以及网络上的素材都可以结合在一起进行创作。例如，可以尝试更换人物所处的环境；将人物与其他生物、器物相结合；也可以将人物以不同的质感呈现出来（例如，冰、水、金属等）；或者尝试改变人物的构成（例如，图形化组合、碎片形式、字符组合等），如图 24-11 ～图 24-18 所示。

图 24-11　　　　　　　图 24-12　　　　　　　图 24-13　　　　　　　图 24-14

图 24-15　　　　　　　图 24-16　　　　　　　图 24-17　　　　　　　图 24-18

24.1.2　以动物为主体的创意设计作品

　　以动物为主体的创意设计作品也非常常见，例如，具有公益性质的创意海报，或者与动物相关的商品广告，甚至是利用动物的某种特质进行的创意构思。通常可以采用拟人、幽默、比喻、夸张等手法对动物主体进行表现，使画面产生趣味性以吸引观者的注意力，如图 24-19 ～图 24-24 所示。当然，也可以尝试反其道而行之，例如，为表达保护动物的主题，以血腥、悲伤的元素引发人们对处于苦难中动物的同理心，如图 24-25 和图 24-26 所示。

图 24-19　　　　　　　　图 24-20　　　　　　　　图 24-21　　　　　　　　图 24-22

图 24-23　　　　　图 24-24　　　　　　图 24-25　　　　　　　　　图 24-26

24.1.3　表现物体的创意设计作品

以物体作为画面表现主体的创意设计作品常见于商品广告中。例如，为了突出产品的某种特性，而将这种特性夸张化地表现在主体物上，如图 24-27 所示；为商品营造一种特定的氛围以展示其特定，如图 24-28 和图 24-29 所示；将商品置于一个奇妙有趣的环境中，以吸引消费者注意等，如图 24-30 ～图 24-32 所示。

除此之外，将两类原本不相干的对象组合在一起也是物体类合成的创意设计作品的常见表现形式，可以利用不同物体之间的共性（例如，颜色、质感、形态等）将其组合在一起，如图 24-33 所示。也可以将其中一个物体作为"容器"或者"载体"，将另外一些元素放置其中，如图 24-34 所示。

图 24-27　　　　　　　图 24-28　　　　　　　图 24-29　　　　　　　图 24-30

图 24-31　　　　　　图 24-32　　　　　　　图 24-33　　　　　　　图 24-34

24.1.4　场景重构类创意设计作品

　　在优秀的合成作品中经常能够看到各种梦幻、奇妙，甚至是怪异的"世界"，无论在现实中这些画面多么难以想象，在 Photoshop 中都可以使之成真。场景重构类创意设计作品一方面可以通过造景并通过一定的拍摄手段得到奇妙的视觉效果；另一方面也可以通过前期拍摄或者从网络中获取画面中需要使用的元素，并通过 Photoshop 操作使之融合为一个完整的画面，如图 24-35 ～图 24-42 所示。

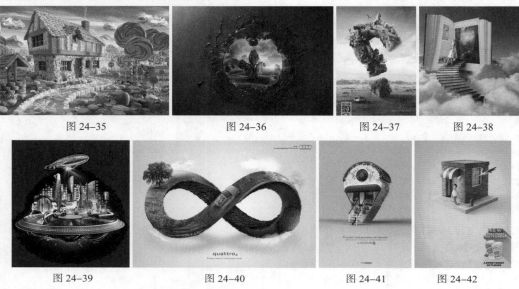

图 24-35　　　　　　　　图 24-36　　　　　　　　图 24-37　　　　　　　　图 24-38

图 24-39　　　　　　　　图 24-40　　　　　　　　图 24-41　　　　　　　　图 24-42

24.1.5　文字类创意设计作品

　　文字是信息传递的重要手段之一，文字元素不仅仅可以作为画面的辅助元素，在"创意"的世界里，文字也可以作为"主角"。当然，如果只将文字简单地摆放在画面中，可能文字只能够起到信息传递的作用，并不能吸引人的眼球，而将文字看作"图形"去装饰、分解、重构则会带来无限可能。

　　文字的艺术化处理手段有很多，例如，将原本平面的文字立体化地展示出来，如图 24-43 所示；将文字以图形化的形式表现，如图 24-44 所示；为文字模拟特殊的质感（如液体、金属、食物、泥土、纸张），如图 24-45 ～图 24-47 所示；将文字与图形、图像元素结合等，如图 24-48 ～图 24-50 所示。

图 24-43　　　　　　　　图 24-44　　　　　　　　图 24-45　　　　　　　　图 24-46

图 24-47　　　　　　　　图 24-48

图 24-49　　　　　　　　图 24-50

24.2　创意立体文字

文件路径	资源包 \ 第 24 章 \ 创意立体文字
难易指数	★★★★★
技术掌握	图层蒙版、内发光、曲线

案例效果

案例效果如图 24-51 所示。

扫一扫，看视频

图 24-51

操作步骤

Part 1　制作立体文字部分

步骤 01 执行"文件 > 新建"命令，新建一个"宽度"

为 2000 像素、"高度"为 1400 像素的空白文档。设置"前景色"为黑色，按 Alt+Delete 组合键填充前景色，如图 24-52 所示。

步骤 02 单击工具箱中的"横排文字工具"按钮，设置合适的"字体""字号"和"颜色"，接着在画面中单击并输入文字，如图 24-53 所示。在该图层上右击，在弹出的快捷菜单中执行"栅格化文字"命令。

图 24-52　　　　　　　　图 24-53

步骤 03 开始制作文字的立体效果。新建图层，单击工具箱中的"多边形套索工具"按钮，在字母左侧绘制一个四边形选区，作为文字左侧的立面，如图 24-54 所示。接着单击工具箱中的"渐变工具"按钮，在选项栏上单击"渐变色条"按钮，在弹出的"渐变编辑器"窗口中编辑一个灰色系渐变，然后单击"确定"按钮完成设置，接着在选项栏中设置"渐变类型"为"线性"，如图 24-55 所示。

图 24-54　　　　　　　　图 24-55

步骤 04 在画面中按住鼠标左键拖动进行绘制，效果如图 24-56 所示。使用同样的方式在字母其他部分绘制立面的选区并填充渐变，制作出立体效果。效果如图 24-57 所示。

图 24-56　　　　　　　　图 24-57

步骤 05 选择文字 K 图层，为其添加图层蒙版，如图 24-58 所示。选中图层蒙版，将"前景色"设置为深灰色，选择一个柔边圆画笔，降低画笔的不透明度，在字母 K 的底部进行涂抹，隐藏部分像素。效果如图 24-59 所示。

图 24-58　　　　　　图 24-59

步骤 06 按住 Ctrl 键单击字母 K 图层的缩略图得到选区，如图 24-60 所示。接着执行"选择 > 变换选区"命令，将选区进行缩放，然后按 Enter 键确定变换，如图 24-61 所示。

图 24-60　　　　　　图 24-61

步骤 07 新建图层，将选区填充为浅灰色，如图 24-62 所示。为该图层添加图层蒙版，然后选中图层蒙版，选择工具箱中的"渐变工具"，编辑一个从黑色到灰色的渐变，然后自上而下进行填充，此时文字变成了半透明的效果，如图 24-63 所示。

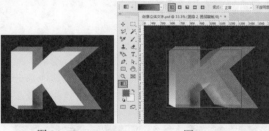

图 24-62　　　　　　图 24-63

步骤 08 在选择图层蒙版的状态下，将"前景色"设置为黑色，选择"画笔工具"，选择一个柔边缘画笔，降低画笔的流量，然后在字母 K 的上方进行涂抹，图层蒙版效果如图 24-64 所示。使浅色的文字图层呈现出若隐若现的效果，如图 24-65 所示。

图 24-64　　　　　　图 24-65

步骤 09 将该图层移到灰色字母 K 图层的下方，然后选择灰色字母 K 图层，设置该图层的"混合模式"为"差值"，如图 24-66 所示。此时文字效果如图 24-67 所示。

图 24-66　　　　　　图 24-67

步骤 10 将构成文字的图层选中，使用编组组合键 Ctrl+G 进行编组，如图 24-68 所示。

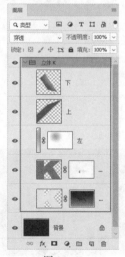

图 24-68

步骤 11 在立体文字图层的下方新建一个图层，单击工具箱中的"椭圆形选框工具"按钮，在画面上绘制一个椭圆选区，如图 24-69 所示。执行"选择 > 修改 > 羽化"命令，在弹出的"羽化选区"窗口中设置"羽化半径"为 80 像素，单击"确定"按钮完成设置，如图 24-70 所示。

图 24-69　　　　　　　图 24-70

步骤 12 将"前景色"设置为灰色，使用前景色填充组合键 Alt+Delete 键将选区填充颜色，然后使用组合键 Ctrl+D 取消选区，如图 24-71 所示。为立体文字绘制阴影。在文字图层的下方新建图层，然后将"前景色"设置为黑色，使用柔角画笔沿着文字的边缘进行绘制，制作出文字的阴影效果，如图 24-72 所示。

图 24-71　　　　　　　图 24-72

Part 2　在立体字中添加装饰

步骤 01 执行"文件 > 置入嵌入的对象"命令，置入天空素材 1.jpg，接着将该图层栅格化，如图 24-73 所示。设置该图层的"混合模式"为"叠加"，如图 24-74 所示。此时画面效果如图 24-75 所示。

图 24-73　　　　　　　图 24-74

图 24-75

步骤 02 选中天空素材图层，单击"图层"面板下方的"添加图层蒙版"按钮，然后使用黑色的柔角画笔，在图层

蒙版天空下方的位置按住鼠标左键进行涂抹，图层蒙版如图 24-76 所示。画面效果如图 24-77 所示。

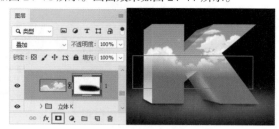

图 24-76　　　　　　　图 24-77

步骤 03 置入海水素材 2.jpg，并将其栅格化，如图 24-78 所示。接着使用同样的方式将海水素材合成到字母 K 中，如图 24-79 所示。效果如图 24-80 所示。

图 24-78　　　　　　　图 24-79

图 24-80

步骤 04 将天空和海水的素材图层选中，右击，在弹出的快捷菜单中执行"创建剪贴蒙版"命令，如图 24-81 所示。效果如图 24-82 所示。

图 24-81　　　　　　　图 24-82

步骤 05 置入素材 3.jpg 并将该图层栅格化，然后将其放置在 K 的左下角，如图 24-83 所示。然后为该图层添加图层蒙版，使用黑色的柔角画笔，在图层蒙版中

上部边缘处进行涂抹。将其边缘的部分隐藏，效果如图 24-84 所示。

图 24-83　　　　　图 24-84

步骤 06 再次置入素材 5.jpg，执行"编辑 > 变换 > 扭曲"命令，调出定界框调整控制点，使其与文字侧立面产生相同的透视效果，如图 24-85 所示。在"图层"面板中单击"添加图层蒙版"按钮，使用黑色柔边圆画笔在图层蒙版中进行涂抹，如图 24-86 所示。使此部分素材能够柔和地融入画面中。效果如图 24-87 所示。

图 24-85　　　　　图 24-86　　　　　图 24-87

步骤 07 使用同样的方式制作字母底部的海底效果，如图 24-88 和图 24-89 所示。

图 24-88　　　　　图 24-89

步骤 08 置入海浪素材 4.jpg 并将该图层栅格化，然后移到文字的中央位置，如图 24-90 所示。接着为该图层添加图层蒙版，然后使用黑色填充该图层的蒙版，使用白色柔角画笔在蒙版中涂抹需要显示的区域，将其边缘的部分隐藏。蒙版如图 24-91 所示。效果如图 24-92 所示。

图 24-90

图 24-91　　　　　图 24-92

步骤 09 在海浪图层上方新建图层，将"前景色"设置为白色，使用"画笔工具"在海浪上按住鼠标左键拖动进行涂抹，如图 24-93 所示。接着设置该图层的"混合模式"为"柔光"，此时画面效果如图 24-94 所示。

图 24-93　　　　　图 24-94

步骤 10 加选制作立体 K 的所有图层，将其进行编组，如图 24-95 所示。选中图层组，执行"图层 > 图层样式 > 内发光"命令，在弹出的"图层样式"窗口中设置"混合模式"为"滤色"，"不透明度"为 49%，"颜色"为灰色，"方法"为"柔和"，"大小"为 65 像素，单击"确定"按钮完成设置，如图 24-96 所示。

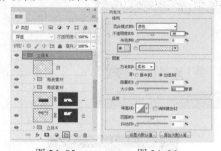

图 24-95　　　　　图 24-96

步骤 11 此时画面效果如图 24-97 所示。

图 24-97

步骤 12 选中新建的图层组，执行"图层 > 新建调整图层 > 曲线"命令，在弹出的"新建图层"窗口中单击"确定"按钮，得到调整图层。在弹出的"属性"面板曲线上方单击插入控制点，调整曲线形状如图 24-98 所示。画面效果如图 24-99 所示。

图 24-98　　　　　　图 24-99

步骤 13 置入素材 5.png，调整到合适位置和大小后按 Enter 键确定置入操作。效果如图 24-100 所示。

图 24-100

步骤 14 单击工具箱中的"横排文字工具"按钮，在选项栏上设置合适的"字体""字号"，"文本颜色"为白色，然后在画面上单击插入光标，输入文字，如图 24-101 所示。使用同样的方式在画面下方输入其他文字。最终效果如图 24-102 所示。

图 24-101　　　　　　图 24-102

24.3　神奇的海洋世界

文件路径	资源包 \ 第 24 章 \ 神奇的海洋世界
难易指数	★★★★★
技术掌握	钢笔工具、图层蒙版、曲线

案例效果

案例效果如图 24-103 所示。

扫一扫，看视频

图 24-103

操作步骤

Part 1　制作海面部分

步骤 01 执行"文件 > 新建"命令，在弹出的"新建文档"窗口中设置"宽度"为 2716 像素，"高度"为 2204 像素，"分辨率"为 72 像素，"颜色模式"为 RGB 模式，然后单击"创建"按钮，如图 24-104 所示。单击工具箱中的"渐变工具"按钮，在选项栏中单击"渐变色条"按钮，在弹出的"渐变编辑器"窗口中编辑一个蓝色系渐变，接着在选项栏中设置"渐变方式"为"线性渐变"，然后将光标定位在画面左上角，按住鼠标左键并拖动至右下角填充渐变，如图 24-105 所示。

图 24-104

图 24-105

步骤 02 制作雪山。执行"文件 > 置入嵌入的对象"命令，在打开的"置入嵌入的对象"窗口中选择素材 1.jpg，然后单击"置入"按钮，并将素材放置在画面中间，按 Enter 键完成置入，执行"图层 > 栅格化 > 智能对象"命令，将该图层栅格化为普通图层，如图 24–106 所示。单击工具箱中的"钢笔工具"按钮，在选项栏中设置"绘制模式"为"路径"，然后在山峰的位置绘制路径，如图 24–107 所示

图 24–106　　　　　　　　　　图 24–107

步骤 03 使用组合键 Ctrl+Enter 将路径转换为选区，如图 24–108 所示。然后选择该图层，单击"图层"面板底部的添加图层蒙版按钮，以当前的选区添加图层蒙版，如图 24–109 所示。此时画面效果如图 24–110 所示。

图 24–108　　　　　　图 24–109　　　　　　图 24–110

步骤 04 置入海浪素材 2.jpg，按 Enter 键完成置入，执行"图层 > 栅格化 > 智能对象"命令，将该图层栅格化为普通图层，如图 24–111 所示。继续使用"钢笔工具"配合图层蒙版，隐藏海浪以外的部分，如图 24–112 所示。

图 24–111　　　　　　　　图 24–112

步骤 05 为海浪添加发光效果，使海浪更真实。执行"图层 > 图层样式 > 内发光"命令，在弹出的"图层样式"窗口中设置"混合模式"为"滤色"，"不透明度"为60%，"杂色"为 0%，"发光颜色"为蓝色，"方法"为"柔和"，"源"选中"边缘"单选按钮，"阻塞"为 0%，"大小"为 32 像素，设置完成后单击"确定"按钮完成设置，

如图 24–113 所示。效果如图 24–114 所示。

图 24–113　　　　　　　　图 24–114

步骤 06 对海浪进行调色。执行"图层 > 新建调整图层 > 曲线"命令，在弹出的"新建图层"窗口中单击"确定"按钮，得到调整图层。然后在弹出的"属性"面板曲线上单击添加控制点并向上拖动，提高画面亮度。为了使调色效果只针对海浪图层，所以单击面板下方的"此调整剪切到此图层"按钮，如图 24–115 所示。效果如图 24–116 所示。

图 24-115　　　　　　　图 24-116

步骤 07 制作半圆形海底。置入海底素材 3.jpg，并将素材放置在适当位置，按 Enter 键完成置入，执行"图层 > 栅格化 > 智能对象"命令，将该图层栅格化为普通图层，如图 24-117 所示。绘制需要保留部分的选区，为该图层添加图层蒙版隐藏多余的部分，如图 24-118 所示。效果如图 24-119 所示。

图 24-117　　　　　图 24-118　　　　　图 24-119

步骤 08 为半圆海底制作立体感效果。执行"图层 > 图层样式 > 内发光"命令，在弹出的"图层样式"窗口中设置"混合模式"为"滤色"，"不透明度"为 87%，"杂色"为 0%，"发光颜色"为蓝色，"方法"为"柔和"，"源"选中"边缘"单选按钮，"阻塞"为 0%，"大小"为 98 像素，如图 24-120 所示。在"图层样式"窗口左侧选择"光泽"选项，设置"混合模式"为"正片叠底"，"效果颜色"为蓝色，"不透明度"为 50%，"角度"为 19 度，"距离"为 11 像素，"大小"为 14 像素，如图 24-121 所示。

图 24-120　　　　　　　图 24-121

步骤 09 继续在"图层样式"窗口左侧勾选"外发光"复选框，然后设置"混合模式"为"滤色"，"不透明度"为 75%，"杂色"为 0%，"发光颜色"为蓝色，"方法"为"柔和"，"扩展"为 0%，"大小"为 6 像素，单击"确定"按钮完成设置，如图 24-122 所示。效果如图 24-123 所示。

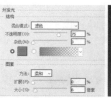 

图 24-122　　　　　　　图 24-123

步骤 10 对海底进行调色，使画面色调一致。执行"图层 > 新建调整图层 > 曲线"命令，在弹出的"新建图层"窗口中单击"确定"按钮，得到调整图层。然后在弹出的"属性"面板曲线上单击添加控制点并向上拖动，改变曲线形状对海底进行调色，并单击"此调整剪切到此图层"按钮，如图 24-124 所示。效果如图 24-125 所示。

图 24-124　　　　　　　图 24-125

步骤 11 添加海底生物素材。置入海底生物素材 4.jpg，并将素材旋转放置在适当位置，执行"图层 > 栅格化 > 智能对象"命令，将该图层栅格化为普通图层，如图 24-126 所示。使用"钢笔工具"沿部分珊瑚的外轮廓绘制路径，并且需要保证底部为平滑的弧线，如图 24-127 所示。

图 24-126　　　　　　　图 24-127

步骤 12 使用组合键 Ctrl+Enter 将路径转换为选区。然后选择该图层，单击"图层"面板底部的添加图层蒙版按钮，以当前的选区添加图层蒙版，如图 24-128 所示。此时画面效果如图 24-129 所示。

步骤 13 执行"图层 > 图层样式 > 内发光"命令，在弹出的"图层样式"窗口中设置"混合模式"为"滤色"，"不透明度"为 60%，"杂色"为 0%，"发光颜色"为黑色，

"方法"为"柔和"，"源"选中"边缘"单选按钮，"阻塞"为0%，"大小"为18像素，单击"确定"按钮完成设置，如图24-130所示。效果如图24-131所示。

图24-128   图24-129   图24-130   图24-131

步骤 14 将海底生物进行调色，使之与海底色调相融合。执行"图层>新建调整图层>曲线"命令，在弹出的"新建图层"窗口中单击"确定"按钮，得到调整图层。然后在弹出的"属性"面板中设置"通道"为"红"，然后在下方的曲线上单击添加控制点并向下拖动，减少红色成分，如图24-132所示。继续设置"通道"为"蓝"，然后在下方的曲线上单击添加控制点并向上拖动，使该图层倾向于青蓝色，并单击"此调整剪切到此图层"按钮，如图24-133所示。此时的效果如图24-134所示。

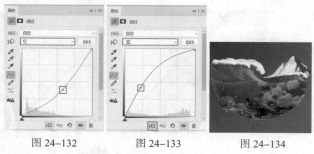

图24-132   图24-133   图24-134

步骤 15 置入鱼素材5.jpg，并将素材旋转放置在适当位置。执行"图层>栅格化>智能对象"命令，将该图层栅格化为普通图层，如图24-135所示。使用快速选择获取鱼的选区，并以当前选区为该图层添加图层蒙版，隐藏多余的部分。效果如图24-136所示。

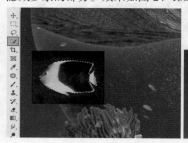

图24-135   图24-136

步骤 16 执行"图层>图层样式>内发光"命令，在弹出的"图层样式"窗口中设置"混合模式"为"滤色"，"不透明度"为82%，"杂色"为0%，"发光颜色"为蓝色，

"方法"为"柔和"，"源"选中"边缘"单选按钮，"阻塞"为0%，"大小"为59像素，单击"确定"按钮完成设置，如图24-137所示。效果如图24-138所示。

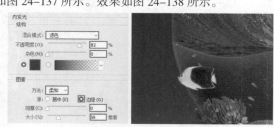

图24-137   图24-138

步骤 17 为海面上添加水滴素材制作溅水效果。置入水滴素材6.png，并将素材旋转放置在适当位置，执行"图层>栅格化>智能对象"命令，将该图层栅格化为普通图层，如图24-139所示。选择水滴图层，设置"混合模式"为"叠加"，如图24-140所示。此时画面效果如图24-141所示。

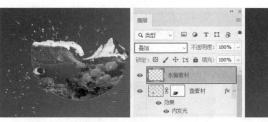

図 24-139　　　　図 24-140　　　　図 24-141

步骤 18 为该图层添加图层蒙版，使用黑色画笔在蒙版中进行涂抹，隐藏多余的部分，如图 24-142 所示。效果如图 24-143 所示。

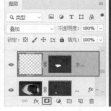

图 24-142　　　　　图 24-143

步骤 19 为画面底部添加亮部。设置"前景色"为白色，单击工具箱中的"画笔工具"按钮，在选项栏中打开"画笔预设"选取器，在"画笔预设"选取器中选择一个柔边圆画笔，设置"画笔大小"为 200 像素，设置"硬度"为 0%。设置完成后在画面中间位置按住鼠标左键拖动进行绘制，如图 24-144 所示。然后在"图层"面板中选择该图层并设置该图层的"混合模式"为"叠加"，"不透明度"为 50%，如图 24-145 所示。

步骤 20 此时的效果如图 24-146 所示。

图 24-144

图 24-145　　　　图 24-146

Part 2　制作天空部分

步骤 01 执行"文件 > 置入嵌入的对象"命令，置入云朵素材 8.png、9.png、10.png，并将云朵素材旋转放置在适当位置，然后分别执行"图层 > 栅格化 > 智能对象"命令，将图层栅格化为普通图层。效果如图 24-147 所示。

图 24-147

步骤 02 在画面中制作文字。单击工具箱中的"横排文字工具"按钮，在选项栏中设置合适的"字体""字号"，"填充"设置为白色，然后在画面中单击插入光标，输入文字，如图 24-148 所示。选中文字图层，使用组合键 Ctrl+J 将文字图层复制一份，然后将文字向右下移动，用来增加文字的厚度，如图 24-149 所示。

图 24-148

图 24-149

步骤 03 使用同样的方式再复制两份文字，并向右下移动，继续增加文字的厚度，如图 24-150 所示。此时需要再次复制一份文字，然后在选项栏中将文字的"颜色"设置为浅青色，放置在最上层。效果如图 24-151 所示。立体文字制作完成。

图 24-150　　　　　　　　　　　　　　图 24-151

步骤 04 制作装饰的圆形。单击工具箱中的"椭圆工具"按钮，在选项栏中设置"绘制模式"为"形状"，单击"填充"按钮，在下拉面板中设置"渐变类型"为"渐变"，然后在下方编辑一个由青色到黑色的渐变颜色，"渐变方式"为"线性"，"旋转渐变"为 90 度，接着在画面中文字右边按 Shift 键并按住鼠标左键拖动绘制渐变正圆，如图 24-152 所示。使用同样的方式在画面中相应位置制作其他颜色的圆形，效果如图 24-153 所示。

图 24-152　　　　　　　　　　　图 24-153

步骤 05 置入人物素材 10.jpg，并将其栅格化。然后选择"钢笔工具"，设置"绘制模式"为"路径"，然后沿着人物边缘绘制路径，如图 24-154 所示。接着使用组合键 Ctrl+Enter 将路径转换为选区，然后以当前选区创建图层蒙版。效果如图 24-155 所示。

使它与海浪的角点吻合，然后按 Enter 键确定变换操作。效果如图 24-156 所示。

步骤 07 为了使人物与海浪融合，需要对人物进行调色。执行"图层 > 新建调整图层 > 曲线"命令，在弹出的"新建图层"窗口中单击"确定"按钮，然后在弹出的"属性"面板中设置"通道"为 RGB，在下方的曲线上单击添加控制点并向上拖动，提高画面亮度，如图 24-157 所示。

图 24-154　　　　　　　　图 24-155

步骤 06 使用组合键 Ctrl+T 调出定界框将其进行旋转，

图 24-156　　　　　　图 24-157

步骤 08 在面板中设置"通道"为"红"，在下方的曲线上单击添加控制点并向下拖动，使人物倾向于青蓝色。为了使调色效果只针对于人物图层，所以单击面板下方的"此调整剪切到此图层"按钮，如图 24-158 所示。效果如图 24-159 所示。

图 24-158　　　　图 24-159

步骤 09 置入装饰素材。执行"文件 > 置入嵌入的对象"命令，置入鸟素材以及热气球素材 11.jpg、12.jpg、13.jpg、14.jpg，并将素材旋转放置在适当位置，栅格化之后依次进行抠图。效果如图 24-160 所示。

图 24-160

步骤 10 为画面整体进行调色。执行"图层 > 新建调整图层 > 曲线"命令，在弹出的"新建图层"窗口中单击"确定"按钮，然后在弹出的"属性"面板中设置"通道"为"绿"，在下方的曲线上单击添加控制点并向下拖动，如图 24-161 所示。继续设置"通道"为"蓝"，在下方的曲线上单击添加控制点并向下拖动，改变曲线形状对海底进行调色，如图 24-162 所示。

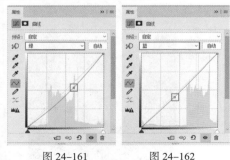

图 24-161　　　　图 24-162

步骤 11 最终效果如图 24-163 所示。

图 24-163

24.4 超现实主义合成

文件路径	资源包 \ 第 24 章 \ 超现实主义合成
难易指数	⭐⭐⭐⭐⭐
技术掌握	画笔工具、自由变换、图层样式、混合模式、通道抠图

案例效果

案例效果如图 24-164 所示。

扫一扫，看视频

图 24-164

操作步骤

Part 1　制作带有透视感的画

步骤 01 执行"文件 > 新建"命令，新建一个"宽度"为 1800 像素、"高度"为 2500 像素的空白文档，如图 24-165 所示。接着单击工具箱底部的"前景色"按钮，在弹出的"拾色器"窗口中设置"颜色"为深棕色，设置完成后单击"确定"按钮完成操作，如图 24-166 所示。

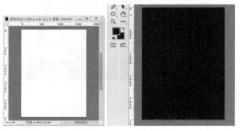

图 24-165　　　　图 24-166

步骤 02 将背景的中间位置提高亮度。单击工具箱中的"画笔工具"按钮，在选项栏中设置大小合适的柔边圆画笔，设置"前景色"为肤色，设置完成后在画面中进行涂抹。效果如图 24-167 所示。

图 24-167

步骤 03 执行"文件 > 置入嵌入的对象"命令，将素材 1.jpg 置入画面中。调整大小使其充满整个画面，并将该图层进行栅格化处理，如图 24-168 所示。接着选择该图层，设置"混合模式"为"正片叠底"，使素材与背景较好地融为一体。效果如图 24-169 所示。

图 24-168　　　　　图 24-169

步骤 04 继续执行"素材 > 置入嵌入的对象"命令，将相框素材 3.png 置入画面中。调整大小放在画面中，如图 24-170 所示。然后使用同样的方式将素材 2.jpg 置入画面中，调整合适的大小。将该图层放置到相框图层下方位置，如图 24-171 所示。

图 24-170　　　　　图 24-171

步骤 05 选择素材 2 图层，使用自由变换组合键 Ctrl+T 调出定界框，将光标放在定界框外按住鼠标左键进行旋

转，如图 24-172 所示。在当前自由变换状态下，右击，在弹出的快捷菜单中执行"扭曲"命令，控制点的位置，改变图层形态，如图 24-173 所示。操作完成后按 Enter 键。

图 24-172　　　　　图 24-173

步骤 06 为相框添加"内阴影"图层样式，增加相框的立体感。选择相框图层，执行"图层 > 图层样式 > 内阴影"命令，在弹出的"图层样式"窗口中设置"混合模式"为"正片叠底"，"颜色"为黑色，"不透明度"为 75%，"角度"为 132 度，"阻塞"为 17%，"大小"为 10 像素，设置完成后单击"确定"按钮完成操作，如图 24-174 所示。效果如图 24-175 所示。

图 24-174　　　　　图 24-175

步骤 07 制作相框底部的阴影效果。在背景图层上方新建图层，单击工具箱中的"画笔工具"按钮，在选项栏中设置大小合适的柔边圆画笔，设置"前景色"为黑色，设置完成后在相框底部涂抹出阴影效果，如图 24-176 所示。

图 24-176

Part 2　制作从画中跃出的骏马

步骤 01 将骏马素材 4.png 置入画面中，调整大小放在相框左下角位置，如图 24-177 所示。按住 Ctrl 键单击该图层缩略图，得到骏马的选区，如图 24-178 所示。

图 24-177　　　　　　　　图 24-178

步骤 02 在骏马图层下方新建图层，设置"前景色"为黑色，接着使用组合键 Alt+Delete 进行前景色填充。操作完成后使用组合键 Ctrl+D 取消选区。然后使用自由变换组合键 Ctrl+T 调出定界框，右击，在弹出的快捷菜单中执行"斜切"命令，将光标放在定界框上向右拖曳，如图 24-179 所示。该操作完成后右击，在弹出的快捷菜单中执行"缩放"命令，将图形调整到合适大小。操作完成后按 Enter 键完成操作。效果如图 24-180 所示。

图 24-179　　　　　　　　图 24-180

步骤 03 此时制作的马的投影颜色过重，选择该图层，设置"混合模式"为"正片叠底"，"不透明度"为70%，如图 24-181 所示。效果如图 24-182 所示。

图 24-181　　　　　　　　图 24-182

步骤 04 制作马穿过相框时相框受到冲击留下的裂纹效果。选择相框图层，使用组合键 Ctrl+J 将其复制一份。

然后选择复制得到的图层，单击"图层"面板底部的"添加图层蒙版"按钮，为该图层添加图层蒙版，并将其填充为黑色。然后使用大小合适的柔边圆画笔，设置"前景色"为白色，设置完成后在画面中进行涂抹，将复制得到的相框的部分区域显示出来，如图 24-183 所示。效果如图 24-184 所示。

图 24-183　　　　　　　　图 24-184

步骤 05 隐藏其他图层可以看到复制的相框和马之间的关系，查看图层蒙版中隐藏的位置，效果查看完成后显示隐藏的图层即可，如图 24-185 所示。

图 24-185

步骤 06 通过操作使相框的裂纹效果不明显。选择复制得到的相框图层，执行"图层 > 图层样式 > 内阴影"命令，在弹出的"图层样式"窗口中设置"混合模式"为"正片叠底"，"颜色"为黑色，"不透明度"为 75%，"角度"为 132 度，"阻塞"为 10%，"大小"为 5 像素，设置完成后单击"确定"按钮完成操作，如图 24-186 所示。效果如图 24-187 所示。

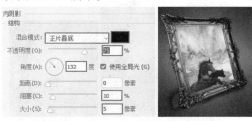

图 24-186　　　　　　　　图 24-187

步骤 07 在画面中制作马奔跑的草地效果。执行"文件 > 置入嵌入的对象"命令，将素材 5.jpg 置入画面中，调整大小放在画面下方位置，如图 24-188 所示。

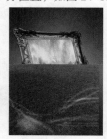

图 24-188

步骤 08 选择草地素材图层，为该图层添加图层蒙版并将其填充为黑色。然后单击工具箱中的"画笔工具"按钮，在选项栏中设置较小笔尖的不规则形态的画笔，"不透明度"为 100%，设置"前景色"为白色，设置完成后在画面中进行涂抹，将草地的部分效果显示出来，如图 24-189 所示。效果如图 24-190 所示。

图 24-189　　　　　　　　图 24-190

步骤 09 制作草地的投影效果。在草地图层下方新建图层，然后使用大小合适的柔边圆画笔，设置"前景色"为黑色，设置完成后在画面中进行涂抹制作投影效果，如图 24-191 所示。然后将素材 9.png 置入画面中，调整大小，放在草地左边位置丰富画面效果，如图 24-192 所示。

图 24-191　　　　　　　图 24-192

Part 3　制作其他装饰物

步骤 01 执行"文件 > 置入嵌入的对象"命令，将调色盘和画框素材 6.png、7.png 置入画面中。调整大小放在相框的右上角位置，并将图层进行栅格化处理，如图 24-193 所示。

图 24-193

步骤 02 单击工具箱中的"多边形套索工具"按钮，在画框下方绘制画框倒影部分的选区，如图 24-194 所示。接着在选项栏中设置"绘制模式"为"从选区中减去"，然后在其中绘制稍小一些的选区，得到边框的选区，如图 24-195 所示。

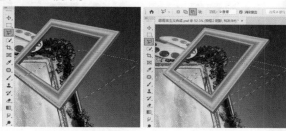

图 24-194　　　　　　　图 24-195

步骤 03 在素材 7 图层下方新建一个图层，然后设置"前景色"为灰色，使用 Alt+Delete 组合键进行填充。效果如图 24-196 所示。然后设置该图层的"混合模式"为"线性加深"，"不透明度"为 30%，如图 24-197 所示。效果如图 24-198 所示。

图 24-196　　　　　　　图 24-197

图 24-198

步骤 04 继续置入动物素材以及画笔素材 8.png 和 10.png，调整大小放在画面中，如图 24-199 所示。然后使用同样的方式为该素材制作投影效果，并设置相应的"混合模式"和"不透明度"。效果如图 24-200 所示。

图 24-199　　　　　图 24-200

步骤 05 制作画笔绘制的笔触。新建图层，然后使用大小合适的硬边圆画笔，设置"前景色"为淡黄色，设置完成后在画笔笔尖位置绘制画笔路径，如图 24-201 所示。在"图层"面板中设置"混合模式"为"叠加"，如图 24-202 所示。效果如图 24-203 所示。

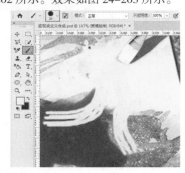

图 24-201

图 24-202　　　　　图 24-203

Part 4　制作云雾效果

步骤 01 执行"文件 > 置入嵌入的对象"命令，将云朵素材 11.jpg 置入画面中，调整大小放在画面上方位置并将该素材进行栅格化处理，如图 24-204 所示。

图 24-204

步骤 02 此时置入的云朵素材带有背景，需要将背景去除。首先将除了云朵素材之外的其他图层全部隐藏，然后执行"窗口 > 通道"命令，打开"通道"面板。通过观察发现，"红"通道中的主体物与背景颜色反差最大，所以选择该通道，右击，在弹出的快捷菜单中执行"复制通道"命令，如图 24-205 所示。在弹出的"复制通道"窗口中单击"确定"按钮，将"红"通道进行复制，如图 24-206 所示。

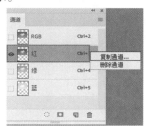

图 24-205

图 24-206

步骤 03 为了将主体物与背景区分开，需要增强对比度。选择"红 拷贝"通道，使用组合键 Ctrl+M 调出"曲线"

命令，在弹出的"曲线"窗口中单击"在图像中取样以设置黑场"按钮，如图 24-207 所示。然后在背景边缘处单击，背景变为黑色，如图 24-208 所示。设置完成后，单击"曲线"窗口中的"确定"按钮。

然后将隐藏的图层全部显示出来。效果如图 24-212 所示

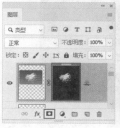

图 24-211　　　　图 24-212

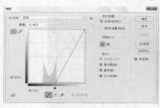

图 24-207　　　　图 24-208

步骤 04 单击"通道"面板下方的"将通道作为选区载入"按钮，如图 24-209 所示。得到云朵的选区，如图 24-210 所示。

步骤 06 此时云朵的颜色倾向于蓝色，需要提高亮度使之变为白色。执行"图层 > 新建调整图层 > 色相 / 饱和度"命令，在"属性"面板中"预设"选择"全图"选项设置"明度"为 +100，设置完成后单击面板底部的"此调整剪切到此图层"按钮，使调整效果只针对下方图层此时云朵变为纯白，如图 24-213 所示。本案例制作完成效果如图 24-214 所示。

图 24-209　　　　图 24-210

步骤 05 回到"图层"面板选择云朵图层，单击"图层"面板下方的"添加图层蒙版"按钮，为该"图层"添加图层面板，如图 24-211 所示。此时将云朵从背景中抠出，

图 24-213　　　　图 24-214